幸福感愿景下的工作体验设计

Design for Experience at Work within the Vision of Happiness

陆一晨 著

化学工业出版社
·北京·

内容简介

在过去的三十年里，体验经济与数字经济的双重浪潮将设计的焦点从物质推向体验。与此同时，工作不再是人们谋生的被动手段，而是实现自我价值的主动方式。积极的工作体验有益于个人幸福与社会繁荣，工作体验设计对工作幸福感的塑造起着至关重要的作用。本书依托芬兰国家级重点研发项目“复杂系统中的用户体验与可用性”，以幸福感为愿景，探讨重工业情境下的工作体验设计策略，将组织管理学的工作体验研究、积极心理学的幸福感研究与体验设计方法相交叉，提出重工业情境下的工作体验设计目标构建与转译策略。

本书结合作者参与的三十多例国际重工业企业与芬兰阿尔托大学设计系合作的体验设计项目，聚焦幸福感愿景在重工业情境中的映射，探索如何以工作幸福感为驱动，挖掘包括专业工具、社交平台、服务触点在内的新的设计机会点。工作积极体验设计的本质是抽象的体验设计目标实体化于某一情境的设计溯因逻辑推演，将设计机会点从效能转向体验，从工具扩展至系统，从产品外观提升至人机交互、人与人交互、人与组织交互等层面，为进一步揭示设计学科独特的思维范式提供实证案例，为其他领域的幸福感体验设计提供研究范式。

本书获得以下项目资助：2020江苏省双创博士项目、江苏省教育厅项目（2020SJA0872）、江南大学社科青年项目（JUSRP12084）。

本书获得江南大学江苏省普通高等学校哲学社会科学重点研究基地（产品创意与文化研究）、江苏省普通高等学校哲学社会科学优秀创新团队（体验设计与系统创新）的大力支持。

图书在版编目（CIP）数据

幸福感愿景下的工作体验设计/陆一晨著．—北京：化学工业出版社，2023.5（2023.11重印）

ISBN 978-7-122-42988-9

Ⅰ．①幸…　Ⅱ．①陆…　Ⅲ．①产品设计-高等学校-教材　Ⅳ．①TB472

中国国家版本馆CIP数据核字（2023）第033156号

责任编辑：李彦玲　　文字编辑：谢晓馨　陈小滔
责任校对：边　涛　　装帧设计：王晓宇

出版发行：化学工业出版社（北京市东城区青年湖南街13号　邮政编码100011）
印　　装：北京建宏印刷有限公司
787mm×1092mm　1/16　印张$9^3/_4$　字数214千字　2023年11月北京第1版第2次印刷

购书咨询：010-64518888　　售后服务：010-64518899
网　　址：http://www.cip.com.cn
凡购买本书，如有缺损质量问题，本社销售中心负责调换。

定　　价：48.00元

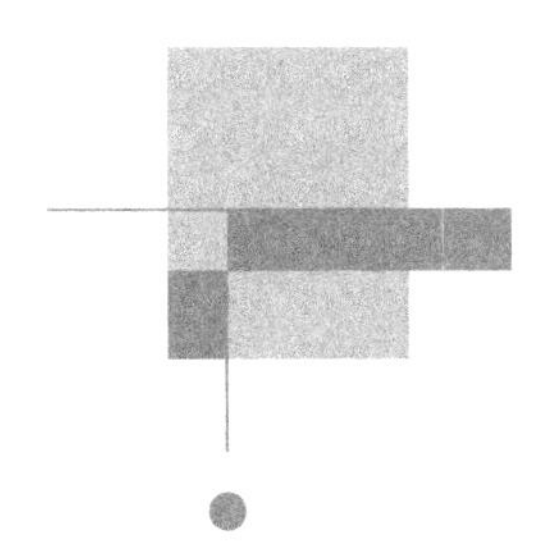

序

自20世纪80年代人机交互（Human-Computer Interaction，HCI）领域诞生以来，相关研究内容发生了两次重大变革。在第一次变革中，HCI研究重点从产品转向流程，从个人与产品的互动转向人际互动、群体合作，以及从实验室转向实际工作情境。在第二次变革中，HCI学者将研究重心从技术的使用方面转向情感、体验和文化方面，研究对象从工作场所转向日常消费生活，推动了面向非工作情境的用户体验研究的快速发展与成熟。近年来，研究人员开始意识到面向工作情境的UX研究在HCI领域的缺失，其本质是人文主义设计关怀尚未从日常情境转向工作情境，这也导致现有UX研究偏向于享乐型的短期体验。

由青年学者陆一晨博士所著的《幸福感愿景下的工作体验设计》聚焦面向工作情境的意义型体验设计创新，是体验设计理论与方法领域的前沿成果。2005年，陆一晨在江南大学本科学习期间开始关注体验创新设计；2009～2012年，在荷兰代尔夫特理工大学与飞利浦埃因霍温研发中心学习和实践智慧家电体验设计；2013～2019年，在芬兰阿尔托大学和国家科学院开展面向重工业情境的体验设计方法研究。她的实践与研究领域从怡情类个人消费品跨越至重工业复杂交互系统，贯穿安全、实用、可用、愉悦乃至可持续幸福感等不同体验层次。这些难能可贵的研究经历为本书奠定了学术基础，展示了国际前沿视角，体现了理论与实践合一的设计研究创新价值和应用价值。

在学术价值方面，本书立足于设计学科的独特性，从体验设计溯因逻辑的角度，结合积极心理学和组织管理学的相关理论，提出工作体验设计目标的构建与转译策略。工作积极体验设计模型整合至幸福感设计愿景与工作意义激发机制，针对“什么是工作情境中的积极体验”（what）给出具体的答案。员工自豪感设计策略从人际和时间两种维度，基于大量的探索型设计案例，提出“如何设计产品与服务激发工作情境中的积极体验”（how）。此外，本书通过设计探索、案例分析与专家访谈，提出深层次意义驱动的体验设计突破传统设计机会空间的逻辑原理（why）。本书贡献的研究实质是设计学的基本问题，即如何将抽象意义转化为具象情境。

在应用价值方面，作者以设计实践主导的研究范式在一定程度上确保了新设计理论的可操作性、指导性和有效性。由国家研究平台、行业协会组织、高校课程协同开展的设计实践研究本身具有国家战略的高度、共享资源的便捷、及时反馈的影响力、快速迭代的高效性以及研究经费的可持续性等优势。这一点对国内设计研究项目的组织和开展具有启发性。

作为作者的大学本科指导教师和现研究团队负责人，对《幸福感愿景下的工作体验设计》的顺利出版颇感欣慰，真是获得满满的职业幸福感。“奋斗本身就是一种幸福。”希望陆一晨博士能够立足中国，放眼世界，继续深耕HCI体验设计领域，专注意义驱动的设计方法与系统型设计思维，为世界繁荣贡献中国式设计创新的力量！

南京艺术学院　校长/博导

2023年1月　无锡

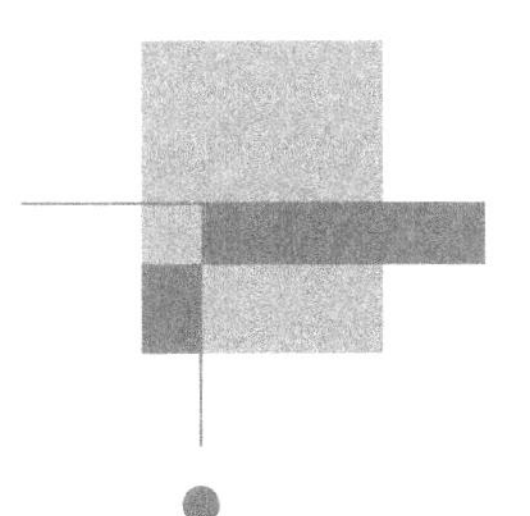

目录

工作体验设计的目标构建

4

工作体验设计目标的转译

1 绪论

本书致力于探索幸福感愿景下重工业领域的工作体验设计方法。芬兰国家级研发项目“复杂系统中的用户体验与可用性”是本书的研究缘起与背景。理论层面，本书为工作体验设计的目标设定与转译提供框架与策略，是对体验设计理论的进一步拓展与深化；实践层面，本书可以帮助企业跳出以可用性问题为驱动的改良设计思维枷锁，发掘突破性产品或服务的创新机会点。

1.1 研究缘起与意义

1.1.1 芬兰国家级研发项目“复杂系统中的用户体验与可用性”

芬兰国家级研发项目“复杂系统中的用户体验与可用性”（User Experience and Usability in Complex Systems，UXUS）是作者研究的缘起与背景。2010年春，芬兰的重工业企业面临乍一看似乎大相径庭的挑战：竞争对手拥有相似功能的产品；已被证明可以提高效率的新产品可能无法按预期销售；超越所有竞争对手的材料最终可能不会被使用；专业产品的复杂性与消费品所创造的趋势之间的差距愈发明显；芬兰研发部门未来在全球企业中的角色并不明确。但这些挑战有一个共同点：拥有尖端专业知识和先进理念的员工缺少机遇展现能力。为了应对这些挑战，工业设计和用户体验被广泛认为是重塑企业、推出创新产品和服务，以及突破性变革的关键。正是这样的想法，汇聚了一批商界和学界人士，激励着他们一起踏上新知识的探索之旅。如何利用用户体验以提高芬兰重工业的竞争力呢？用户工作体验在复杂系统中意味着什么？它在企业对企业（Business-to-Business）的商业模式中具体扮演什么角色？

UXUS项目旨在引进体验思维以挑战现有的公司运营理念，包括产品、服务、程序与组织文化。该项目平台包含劳斯莱斯（Rolls-Royce）等八大国际重工业企业与阿尔托大学（Aalto University）、芬兰国家技术研究中心（VTT）等四大科研机构，参与人数约190人，历时6年，总投入约1740万欧元。UXUS项目下分四个工作组，分别对应四个主题，即商业战略因素、协同共创的能力、突破性创新应用，以及影响力评估与未来计划。作者隶属第三工作组，以聚焦体验作为突破性创新的驱动（图1.1）。

在制订项目计划时，用户体验（User Experience，UX）在重工业领域仍然是一个未知概念。用户体验与可用性（usability）之间究竟有怎样的不同？一方面，作为人机工程学的核心概念之一，可用性是指用户与产品在互动过程中的效果（effectiveness）、效率（efficiency）和满意度（satisfaction）。重工业企业对可用性的关注标志着以人为本的设计理念已经渗透到工业系统创新。另一方面，可用性是否能够

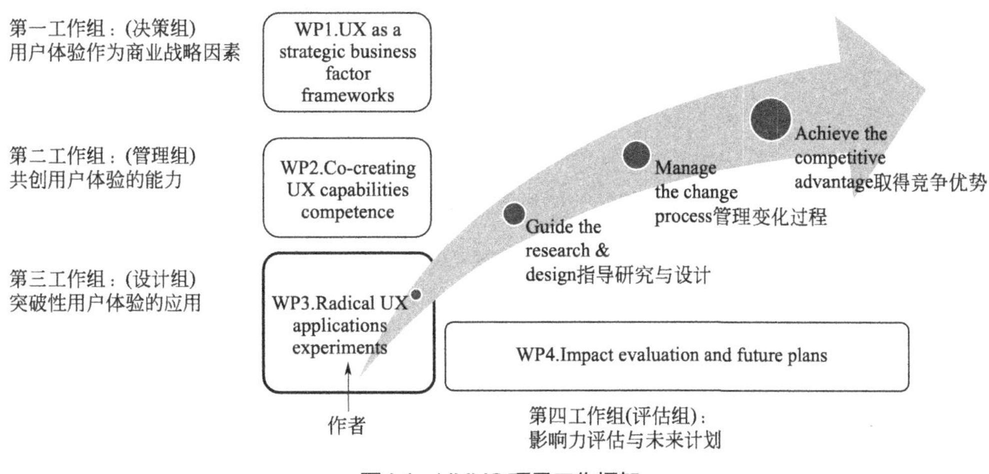

图1.1　UXUS项目工作框架

持久地作为产品差异化的因素？当市场上的产品在可用性层面上都无懈可击时，如何提升品牌的区分度？用户体验作为体验经济下消费品领域的创新驱动，如何超越可用性成为重工业企业转型的抓手？随着UXUS项目的探索之旅，研究发现，不仅是用户体验，还有客户体验（Customer Experience，CX）、员工体验（Employee Experience，EX）与品牌体验（Brand Experience，BX）也在该复杂系统中扮演至关重要且相互关联的角色。不同利益相关者的体验映射出不同的需求洞察与设计机会点。体验作为人文关怀的视角，潜在拓展了重工业领域设计研究的范围。此外，数字化技术及其对产品-服务系统的迅猛影响，为该领域提供了体验创新的外部条件。

重工业领域与消费品领域的体验创新有本质的不同，前者关注工作场景体验，后者围绕消费或娱乐场景体验。消费品领域以企业对个人的商业模式（Business-to-Consumer，B2C）为主，多数情况下，终端用户即为客户，使用者与购买者为同一人，用户体验即为消费体验。相较而言，重工业领域主要采用企业对企业的商业模式（Business-to-Business，B2B），产品使用者与购买者为两类群体，即员工与雇主，终端用户体验与客户体验截然不同。在重工业情境下，利益相关者的体验可以视为该行业的工作体验。具体而言，公司A向公司B销售生产工具或生产资料，可视作公司A的产品及服务介入了公司B员工或雇主的工作体验。本书探讨超越可用性的工作体验创新设计，以工作幸福感为驱动，让工作本身变得更有趣、更引人入胜、更富有成就感和创造力。

综上，UXUS项目以体验赋能芬兰重工业企业转型，提升国际竞争力。作者的研究依托UXUS项目，关注点从工具的生产力、可用性转向产品服务系统的积极体验，探索工作幸福感驱动的专业工具及服务系统的突破性体验创新。

1.1.2 理论价值与实践价值

随着社会的进步和物质生活水平的提高，工作不再是人们谋生的被动手段，而是实现自我价值的主动方式，获得工作幸福感成为劳动者择业的重要因素之一。“民生福祉达到新水平”是“十四五”时期我国经济社会发展的主要目标之一，而“实现更加充分更高质量就业”是目标任务之一。因此，提升工作幸福感成为国家、社会、企业与劳动者共同关注的焦点。“为工作的积极体验而设计”正逐渐成为设计研究领域的新前沿。本研究的理论价值如下：

① 以幸福感为愿景的工作体验设计理念是将设计驱动从“消除作业工具的痛点”转向“激发积极体验并挖掘新的可能性”。本书为工作体验设计的目标设定与转译提供框架与策略，是对体验设计理论的进一步拓展与深化。

② 本书将组织管理学的工作体验研究、积极心理学的幸福感研究与体验设计方法相交叉，并结合探索性设计案例，提出重工业情境下的积极体验设计策略，为其他领域的积极体验设计提供研究范式。

③ 本书聚焦幸福感愿景在重工业系统中的映射，是体验设计目标转译于具体情境的设计溯因逻辑推演，为进一步揭示设计学科独特的思维范式提供实证案例。

本研究的实践价值如下：

① 本书提出的工作体验设计理念可以引导企业运用系统性体验设计思维，将员工视为企业内部客户，建立以员工为中心的工作体验设计体系，进而提升员工的幸福感、敬业度和忠诚度，促进个人与组织的可持续发展。

② 本书提出的工作积极体验设计框架可以协助企业制定明确的工作幸福感指标，并以此为导向，设计与评估员工的全域体验，包括实体体验、数字体验、社交体验等。

③ 本书提出的工作体验设计转译策略可以帮助重工业企业跳出以可用性问题为驱动的改良设计思维枷锁，发掘突破性产品或服务的创新机会点。

1.1.3 国内外研究现状

（1）以幸福感为愿景的积极体验设计

荷兰代尔夫特理工大学情感设计教授Pieter Desmet和德国锡根大学体验设计教授Marc Hassenzahl（2012）提出“为幸福而设计”（Design for Wellbeing）的理念。这种理念将设计愿景从安全、效能、享乐提升为人类“心盛”（flourishing），成为“以人为本”设计的新思潮。心盛体验包括即时的愉悦幸福感与积淀的意义幸福感。与解决产品痛点的设计思维不同，“为幸福而设计”是通过塑造媒介使用户成为心盛体验的创造者，其本质是以心盛为导向，以新的可能性为驱动的积极体验设计。积极体验设计的关键在于如何通过体验设计目标及其激发机制的溯因逻辑推演“追溯”到突破性的设计机会点。

现有的积极体验设计研究聚焦于幸福感概念的细化与衍生。Desmet和Pohlmeyer（2013）借鉴积极心理学和伦理学，提出积极设计（Positive Design）的三要素：愉悦、个人意义与美德。Hassenzahl（2013）认为体验的本质是满足心理需求，指明自主、胜任、归属等心理需求可以作为幸福感设计目标的来源。Calvo和Peters（2014）融合自我决定理论、心盛理论和价值敏感设计理论，将影响幸福感的关键因素分为三类：

自我、社交与超我。上述研究为积极体验设计提供了不同的切入点，然而，针对某一具体情境，如何从这些切入点构建精准的体验设计目标还需进一步研究。

积极体验设计的目标转译实质上是利用Dorst（2015）提出的设计溯因逻辑，从期望的结果“outcome”（体验设计目标）回溯到“how”（激发特定体验的机制），再推演出“what”（设计产出）。现有研究提供了四种体验激发机制的来源：a.设计师的自身体验与经历；b.特定体验的心理学研究；c.真实情境中的用户体验调研；d.体验设计案例。然而，现有研究并未揭示“从体验设计目标及其激发机制衍生出设计机会点”的途径。

2019年，“为幸福而设计”的理念被正式引入国内。陈庆军（2019）认为幸福感设计的内涵不仅潜隐于可持续设计、社会创新设计等范围中，而且体现在日常生活的具体产品和细节中。吴茂春等学者（2020）从理论和实践层面提炼出了提升用户主观幸福感的积极体验设计策略。辛向阳（2020）提出的生活方式设计与幸福感设计的理念具有相似性，两者都以积极体验为目标，探索激发生命意义的设计机会点。但以上研究都未明确解释如何将体验设计目标转译于一个具体的产品或服务。

（2）工作幸福感及其相关设计

工作幸福感是西方组织管理学与积极心理学交叉而来的宽泛概念，学界并未给出明确的概念界定。但一致认为，工作幸福感包括工作中的积极情绪体验（如投入、兴奋）和工作意义体验（如人际联结、胜任），后者是触发前者的根本原因。国外学者主要从人与环境的交互作用和工作环境因素两个方面研究工作幸福感的形成机制，包括人-环境匹配理论、工作要求-资源模型、员工承诺-压力-幸福感模型等，可用于指导员工和组织的幸福管理实践。

国内组织管理学文献多基于国外理论或模型探讨影响工作幸福感的个体因素、工作因素、领导和组织因素等。邹琼等（2015）提出工作幸福感的动态特征，启发管理者同时从工作和家庭领域思考员工幸福管理的问题。林丛丛等人（2018）围绕工作场所中人与组织、他人、机器以及自身的关系四个方面，提出了互联网情境下工作幸福感的重塑策略。组织管理学提出的工作幸福感建议与干预研究主要以一般性的员工帮助计划、领导风格改进等方面为主，并未落实到具体的产品或服务对工作幸福感的积极影响。

在设计领域，国外学者开始探索面向工作情境且以幸福感为愿景、以可能性为驱动的积极体验设计。Jimenezd等人（2015）以心旷神怡为体验设计目标，设计出一款高于普通办公椅、用于放目远眺的咖啡椅；Zumbruch等人（2020）以胜任感与人气感为体验设计目标，为加护病房的护士设计临床决策支持系统。目前，国内以可能性为驱动的工作体验设计研究较少，具有代表性的研究是王晰等人（2018）研发的联合办公用户体验机会表，为企业寻找突破性产品或服务机会点提供设计决策支持工具。

（3）目前国内外研究趋势

设计学中关于幸福感的研究可以被认为是开创性的工作。这一点得到了以下事实的支持。设计研究学会开始设立一个专门关注“幸福感”的主题类别。例如，荷兰的“设计与情感2016”（主观幸福感和框架），英国的“DRS 2016”（健康、愉悦和幸福的设计研究），爱尔兰的“DRS 2018”（幸福感和健康的设计研究）。由于在这一领域的研究人员越来越多，设计研究学会还设立了名为“为幸福、愉悦和健康而设计”的兴趣小组。可见，设计研究人员渴望联系和交流关于这个主题的知识和经验。幸福感设计不是一时出现的热点，而是呈现出一种持久的发展趋势，是设计学科不断变化的结果。

然而，国内外以幸福感为愿景的积极体验设计理论与实践均处于摸索阶段，因此该领域具有广阔的探索空间，主要呈现以下趋势：一是从设计原理的角度，结合组织管理学、积极心理学等多学科理论，提炼幸福感的组成要素，构建积极体验设计框架；二是从设计内容的角度，聚焦不同领域的幸福感体验类型及其激发机制；三是从设计方法的角度，明确幸福感体验设计从目标构建到设计产出的具体步骤。

1.2 核心概念的理解与界定

1.2.1 体验

今天，我们正在进入一个后物质主义的世界，人们消费的重点从物质开始转向体验。尽管自亚里士多德时代以来学者就一直在研究人类体验，但对体验的定义还没有达成科学共识。体验仍然是一个复杂、难以捉摸、开放而丰富的概念，很难完全并详尽地融入任何学科的框架。

本书旨在为以新的可能性为驱动的设计做出贡献，并以整体和开放的视角来看待体验。本论文遵循《韦氏词典》中对体验的定义：“个人遇到、正在进行或经历过的事情。”体验的复杂性与不确定性使得我们很难将特定体验作为设计结果，对其进行操作和担保，因此体验是不能被直接设计的。然而，设计师可以创造条件来唤起某种体验。体验可以根据不同的理论进行概念性的解析和分类。我们可以识别出某些类型的体验元素，并使其具有可复制性，从而通过为关键元素创造最佳条件来增强激发目标体验的可能性。

1.2.2 幸福感

自人类社会形成以来，幸福就已经成为人生追求与社会发展的终极目的。人类的文明发展史就是人类不断追求自身幸福的奋斗史。幸福感则成为人类梦寐以求的生命体验。两千多年前，从西方柏拉图的灵魂和谐说、亚里士多德的道德生活、伊壁鸠鲁的平静之乐，到东方孔子的天人合德、老子的以人合道、墨子的依归信仰，古今中外的圣贤都曾从伦理与哲学的角度挖掘了幸福思辨的源泉。

康德说："幸福的概念是如此模糊，以致虽然人人都在想得到它，但是谁也不能对自己所决意追求或选择的东西，说得清楚明白、条理一贯。"西方思想史中就涌现出阿里斯底波的"愉悦说"、伊壁鸠鲁的"满足说"、康德的"德性说"等多种观点。至今，学界并未就幸福感的学术概念达成共识，但是公认的幸福感研究的溯源大体可以分为两种取向：偏感性的享乐幸福感（hedonic wellbeing）与偏理性的至善幸福感（eudaimonic wellbeing）。

享乐幸福感源于希腊哲学家阿里斯底波和伊壁鸠鲁。阿里斯底波认为人类生活的目标是体验最大限度的眼前的感官愉悦。伊壁鸠鲁将愉悦的标准细化为身体无痛苦、精神无干扰的生活。然而，柏拉图认为肉体与感官的愉悦是暂时的，而"至善"是永恒的。美德是灵魂的状态，一个以美德生活的人拥有和谐有序的灵魂，促生了幸福感，融合理性与感性、愉悦与智慧，而理性必须居主导地位，愉悦必须服从理性的指引。人的幸福生活来源于精神生活的自足、完满和安宁，即灵魂的良善。亚里士多德认为至善幸福感是一个人"实现"其潜力的理想化旅程的高峰。

本书将幸福感作为体验设计的愿景与目标，设计内容可以整合享乐幸福的感官体验与至善幸福的意义体验。

1.2.3 工作幸福感

工作幸福感是幸福感在工作领域的衍生与具体表现。受疾病心理学的影响，传统组织科学关注工作和生活中的消极方面，如压力、冲突、机能失调的行为和态度。随着积极心理学的兴起，组织心理学开始研究愉悦与有意义的工作生活。根据幸福感研究的两大哲学取向享乐论与至善论，工作幸福感的相关研究可以分为享乐论取向与两者整合取向。

从享乐主义来看，员工的工作幸福感侧重于工作情境下的主观幸福感，包括对工作的认知评价与工作的积极情绪，个体对自己的工作满意，并体验到更多的积极情绪和更少的消极情绪，工作满意、工作愉悦、工作投入属于活跃性递增的愉悦情感体验。类似的，Xanthopoulou等人（2012）将工作幸福感定义为从低到高唤醒的高愉悦体验状态，包括工作满意、工作投入、工作卷入和积极情绪。

从享乐主义与至善主义整合的角度来看，Robertson和Flint-Taylor（2009）基于积极情绪扩展建构模型，将工作幸福感定义为人们在工作时体验到的情绪和目标感。Fisher（2010）认为，工作幸福感是工作愉悦判断（积极态度）或愉悦体验（积极感受、心情、情绪和心流状态）。Dagenais-Desmarais和Savoie（2012）认为，工作幸福感是个体的主观积极工作体验，偏向至善理论的结构，包括工作人际匹配、工作激情、工作能力、工作认知知觉和工作参与愿望。工作愉悦是工作至善体验的副产品，从长远来看，工作至善体验促进工作愉悦，两者螺旋式上升实现整体的工作幸福感。

综上，工作幸福感是一个包含宽泛结构的整合概念，是个人工作目标和潜能充分实现的心理感受及愉悦体验，是以工作至善幸福感为驱动且需要持久努力和投资的动态过程。其中工作满意度和积极情感可以反映至善幸福感的实现程度，进而使工作享乐感与至善幸福感相互促进。

1.2.4 为幸福而设计

在我国，《中华人民共和国国民经济和社会发展第十四个五年规划和2035年远景目标纲要》强调，要不断实现人民对美好生活的向往，不断增强人民群众获得感、幸福感、安全感。如何创造我国人民的幸福生活方式、构建中国特色幸福感体系，亟需前瞻思考和战略谋划。

幸福在人类发展中起着重要作用，设计与人类生活息息相关，幸福应该在设计学科中得到重视。那么，设计如何为幸福做出贡献？设计的产品、环境和服务不仅可以作为生活情景的“特征”，而且可以成为一个提升人们幸福的活动“平台”，人们可以在那里有意识地开展有助于幸福的活动，这为设计界提供了令人兴奋的机会。

2013年，荷兰代尔夫特大学教授Pieter Desmet、Anna Pohlmeyer与美国卡内基梅隆大学教授Jodi Forlizzi在《国际设计期刊》联合组稿专刊，题为“主观幸福感设计”，并用“主观幸福感”一词来指代幸福是对自己生活的一种持久的满意与欣赏，而不是一时的感觉。主观幸福感设计支持这一定义，作为一项活动，其明确目标是支持人们追求愉快和满足的生活，更重要的是，其有助于人们蓬勃发展。该特刊通过一组五篇论文探讨了主观幸福感设计的结构，这些论文从日常生活、工作、休闲、娱乐和健康等各种角度共同审视了该主题。其目的是展示一系列能够吸引广大受众的研究，包括个人以及私营、公共、社会和医疗保健部门的团体。此外，本期特刊为设计研究提供了广泛的学科视角：在引入主观幸福感作为明确的设计目标后，该主题将在体验设计、商业、伦理和协同设计方面进行讨论。

主观幸福感设计可以有广泛的理解。它旨在使设计对生活体验做出积极贡献，创造有用、可用、令人愉快、有目的、令人向往、有道德和伦理的产品。这是一种帮助设计师思考最大化设计价值的方法。从2012—2013年开始，不同的设计学科对幸福感设计的关注与兴趣不断增加，从工程设计、工业设计、交互设计跨越到建筑和室内设计。随着设计学科的发展和成熟，一位设计师创造一种产品的模式已不再适用。设计正在转变为一门更广泛的学科，其中包括产品、服务、系统、环境、人类行为和许多其他资源的整合创新。这种不断发展的观点还表明，设计师正在设计这项活动中寻找意义，通过支持用户而改变世界，并从中获得满足感。

1.3 研究问题、思路与方法

1.3.1 研究问题

现有作业工具设计专注于解决与安全、人机工程学、效率、易学性和易用性相关的问题。这种以现存问题为导向的设计思维试图规避潜在的负面影响。例如，通过消除使工人不适或与分心相关的因素，降低妨碍工人完成工作的健康风险。然而，根据Herzberg的激励保健理论（Herzberg、Mausner 和Snyderman，1959），消除作业工具现存的问题只能达到一种中立的“没有麻烦”状态，而唤起令人向往的工作幸福感则超越了消除负面影响的范畴。

为了激发有意义的工作体验，作业工具的设计需要一种以新的可能性为驱动的方法，而不是立即沉溺于识别和解决现有问题。这需要设计过程从定义高层次目标开始，进而探索新的机会（Hekkert和van Dijk，2011；Desmet和Hassenzahl，2012）。聚焦体验的设计领域，例如情感设计（Desmet、Porcelijn和van Dijk，2007）、体验设计（Hassenzahl，2010）、为幸福而设计（Desmet和Hassenzahl，2012）、积极设计（Desmet和Pohlmeyer，2013）、为有意义体验而设计（Jensen，2014）等，通过将深刻的体验设计目标置于实用需求之上，开启了一种新的创意设计理念。这种“体验优先”的设计思维在消费产品领域，特别是在休闲和娱乐领域的设计中已经产生了深远的影响（Bargas-Avila和Hornbæk，2011；Gruber等人，2015）。

根据上述研究，本书旨在将体验设计从企业对消费者的商业模式（B2C）引进至企业对企业的商业模式（B2B），从怡情类消费品转向专业作业工具。本研究属于设计研究领域，旨在将聚焦体验的设计思想和实践作为新设计知识创造的基础与来源。以芬兰B2B重工业为特定研究背景，本书聚焦体验设计的两大挑战：什么是幸福感愿景下的工作体验设计目标，以及如何通过设计作业工具或与工作相关的服务唤起目标锁定的积极体验。

针对以上两大挑战，本书将体验设计目标（experience design goal）定义为产品或服务预设的情感或有意义的关系。体验设计目标描述了设计产出的享乐幸福感体验和至善幸福感体验（Desmet和Hassenzahl，2012；Mekler和Hornbæk，2016）。理想情况下，一个定义成功的体验设计目标应该演变成具体的设计属性与特征以唤起预期的体验，应该向整个设计团队传达明确且有针对性的体验信息，以便团队能够致力于该目标的实现（Kaasinen等人，2015）。此外，本书将体验设计目标实现定义为设计过程中从目标到具体概念的演变。

本书以设定与实现体验设计目标作为一种可能性驱动的方法来探索工作积极

体验设计。具体而言，本书探讨了：体验设计目标拓展已有设计机会空间的潜力；设定工作积极体验设计目标的方法；在工作中唤起自豪感的设计策略；体验设计目标在不同设计阶段中的功用；工作体验设计目标转译为具体的设计概念。表述如下：

① 有意义的工作体验设计目标如何扩展专业工具的设计机会空间？
② 如何在以体验为中心的作业工具设计实践中设定工作体验设计目标？
③ 设计师如何从抽象的工作体验设计目标跨越到具体的设计概念表达？
④ 工作体验设计目标如何在体验设计的不同阶段帮助设计师？
⑤ 工作体验设计目标为何以及如何作为创造性设计工具？

1.3.2 研究思路

对真实设计过程的实践认知和理论反思是对设计活动基本结构洞察的两个来源（Dorst，1997）。同样，Friedman（2003）将理论作为工具，从实践的隐性知识循环转化为研究的显性知识。

本书的研究思路是基于设计溯因原理，以工作幸福感为设计研究愿景，聚焦以体验设计目标为核心、新的可能性为驱动的创新设计过程，并将其概念化与结构化为工作体验设计的目标设定与目标实现，进一步探讨拓展设计机会空间的可能性，为工作体验设计的目标构建与概念转译提供相应的设计策略。作为一个概念工具，体验设计目标不仅在设计案例中可以作为一个发挥关键作用的可追踪对象，而且在策略上可以被用作案例内部和跨案例调查的分析工具。

1.3.3 研究方法

依据Blessing和Chakrabarti的研究，由于缺乏对现有研究的概述、对实践中应用结果的反思、科学严密性，因此，仍然缺少一套公认的设计研究方法论。本书的设计研究在方法论的泥沼中探索（Matthews和Brereton，2014），并不断寻求实践性的认识论。另一方面，博士级别的设计研究通常并不遵循特定的研究范式。与其盲目遵循其他学科的方法论及范式，首先澄清研究立场应该是更明智的做法。

（1）作者的研究角色

研究人员参与实证研究的方式会影响结果，因此有必要在此明确作者介入研究的角色。在FIMECC UXUS（the Finnish Metals and Engineering Competence Cluster Ltd, User Experience and Usability in Complex Systems；芬兰重工业集团“复杂系统中的用户体验与可用性”研究项目）中，作者有三个重叠的角色：以设计师的身份实践公司案例，以教师的身份指导学生的项目，以研究者的身份拓展设计方法。重要的是，这三种不同的参与方式为作者提供了在FIMECC UXUS语境下获取体验设计新知识的三种潜在渠道（图1.2）。

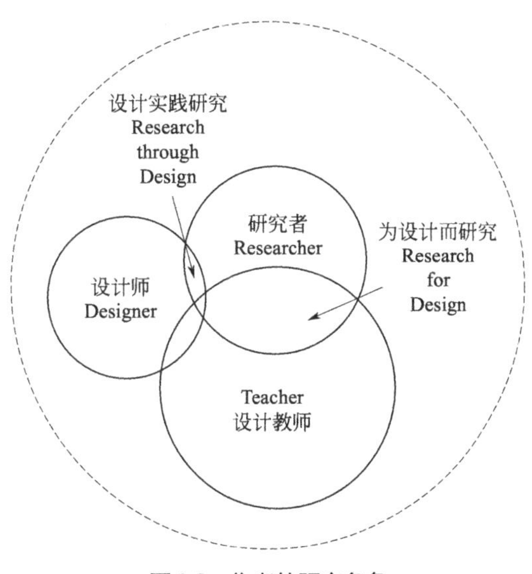

图1.2 作者的研究角色

（2）数据收集

一般来说，通过案例分析以提炼设计原则是很常见的。案例研究是关注理论与实践过渡的有效工具之一。因此，它可以在设计研究中被有效地利用，即为理论发展收集实验证据（Breslin和Buchanan，2008）。在重工业领域，明确设立工作体验设计目标的公开案例并不常见，因此很难找到专业的实践者和真实案例。在设计过程中，设定体验设计目标并将其完整转译为最终概念是一个长期的过程，在实践案例中很难遵循。

到目前为止，体验设计目标的设定与转译只在校企合作中进行过研究。通过校企合作案例，试验以体验设计目标为导向的设计方法。预先创建数据源应当是一个合理的研究策略。为此，本研究参与了校企协同设计课程，其中生成了一系列以体验设计目标为导向的案例。校企合作的设计课程设置，使得计划、控制和观察设计进展相对容易，同时兼顾公司需求、使用情境、设计约束、客户反馈等。

本书中研究Ⅰ、Ⅱ和Ⅳ的数据来源于2012—2018年“体验驱动设计”研究生课程项目报告。研究Ⅲ是基于体验设计研究者对体验设计目标设定和概念转译的访谈数据。表1.1给出了本书研究的数据来源。

表1.1 本书研究的数据来源

研究	目的	数据收集	数据提供者	主要数据来源
Ⅰ（见章节2.3）	论证体验设计目标是否可以拓展设计机会空间	“体验驱动设计”课程2013秋	3组设计团队	6项设计项目报告
Ⅱ（见章节3.3）	建立工作积极体验设计模型	“体验驱动设计”课程2013秋，2012春、秋	10组设计团队	10项设计项目报告

续表

研究	目的	数据收集	数据提供者	主要数据来源
Ⅲ（见章节4.5）	明确体验设计目标在不同设计活动中的功用	诺森比亚大学（Northumbria University）、林雪平大学（Linköping University）、悉尼大学（University of Sydney）	8名体验设计专家	8位专家访谈实录
Ⅳ（见章节5.4）	提出工作自豪感设计策略	“体验驱动设计”课程2018春，2017春，2016春，2015春，2013秋，2012春、秋	35组设计团队	35项设计项目报告

在构建设计理论时需要考虑设计活动的四个重要方面：关于设计目标和概念设计的内容、设计师或设计团队、设计活动发生的环境和设计过程（Dorst，2008）。体验驱动设计课程的所有案例在这四个方面都是同质的，尤其在设计过程中都遵循了由体验设计目标驱动的双钻设计框架（图1.3）。设计内容是体验设计的核心，也是研究的核心数据。设计报告是研究数据的重要来源。所有最终报告都可视作一种半标准化的请求文件，共同关注体验设计目标在设计中的发展。每一份报告涵盖了每个设计项目的以下关键信息，对数据收集和分析很有用：设计简介，背景研究，体验设计目标的确立，适用和突破性的概念生成，概念评价，反思。

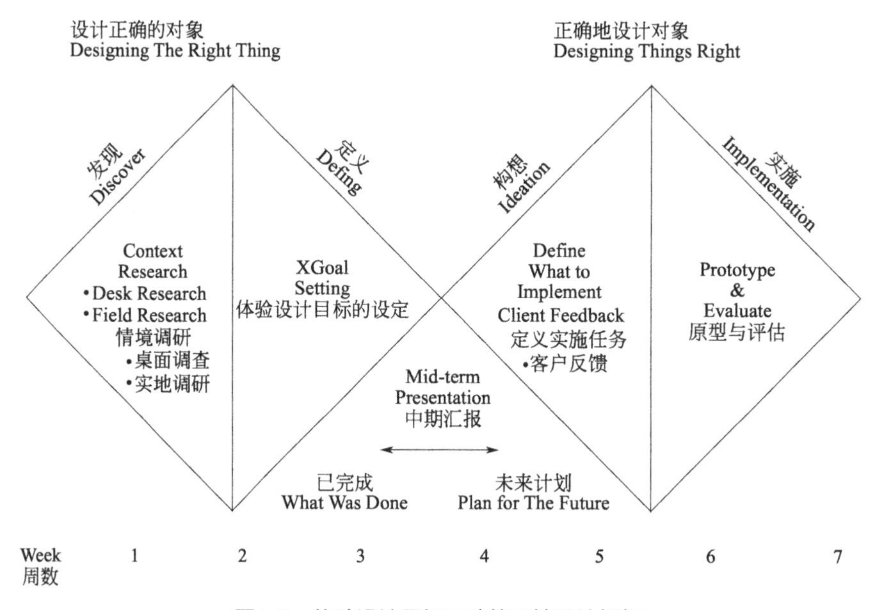

图1.3　体验设计目标驱动的双钻设计框架

（3）数据分析

主要的数据分析方法是基于编码和分类的内容分析法。对文本材料的解读，即分析最终报告和转录的采访稿，是作者进行定性研究的核心步骤。通过对书面文本进行编码和分类的定性分析是一种关键的数据分析方法。用于数据分析的技术是一种持续的比较方法，即不断地将数据的每个部分与数据的所有其他部分进行比较，以探索差异、相似之处。文本材料的分析经历了五个阶段：将数据编译成数据库；将已编译的数据拆解；将已拆解的数据重新组装；对重新组装的数据进行解释；总结整个研究。本研究的数据分析软件工具为Excel和XMind。体验设计目标被标记追踪，并作为回答研究问题的最相关信息。体验设计目标也被定义为四项研究的分析元素。

研究Ⅰ探索工作体验设计目标是否可以扩展作业工具的设计机会空间。以下五个因素与设计机会空间扩张的原因相关：公司动机、体验设计目标、适用概念、激进概念和从适用设计到激进设计的意义创新。

研究Ⅱ分析了10个作业工具的体验设计案例中31个体验设计目标，并分别通过积极设计要素与工作意义机制进行分类与映射，建立工作积极体验设计框架。

研究Ⅲ分析了8位专家的访谈记录。这些访谈是关于体验设计目标在创意设计实践中的潜在功能。根据概念设计的一般步骤，将数据归纳分组：背景探索、概念生成、概念评估以及概念实施。经过几轮的拆解、重组和诠释，体验设计目标的三个不同功能最终从相关主题中浮现出来。

研究Ⅳ首先挑选并分析了35个与工作自豪感相关的体验设计目标，然后根据文献研究中提取的社会和时间维度进行分类：从自我关注到他人关注，从短期到长期。每个与自豪感相关的设计目标策略都是从最终概念中提取出来的，并映射到自豪感的两个维度中。

1.4

小结

在学术与产业协同创新的研究背景下，本书的作者参与了早期设计案例研究。这些设计案例确定了设置体验设计目标的关键来源及体验设计目标在工业系统设计中的应用，与复杂工业领域的新技术有关。早期案例在很大程度上依赖于对用户研究的严格分析，并探索与心理学或社会科学理论之间的相互作用。这些理论，如系统可用性和核心任务分析，不仅可以作为提出和评估体验设计目标的科学来源，还可以作为结构化数据分析和将体验设计目标转化为具体设计的指导原则。这些设计案例在设计之旅中经历了密集而严谨的长期研究，然而设计理念似乎是围绕现有的核心产品和新技术。与上述研究不同，本书通过设计研究以寻求设计师的思维方式，唤起有意义的工作体验，提出的创造性设计方法旨在产生所有可能的设计结果，激发在主要产品之外的创新想法，并从有意义的体验开始，而不是工具、技术或现有的问题。

本书的结构如下：第2章介绍幸福感作为设计愿景、工作体验作为设计目标可以拓展设计机会空间；第3章结合业界实践案例、工作意义机制与积极设计模型，提出工作体验设计目标的构建策略；第4章通过探索性案例与专家访谈，揭示工作体验设计目标对设计实践的多重功用；第5章结合案例，提出员工自豪感的设计策略；第6章综合前五章的研究内容，在理论和实践层面深度讨论了工作体验设计目标设定与转译策略，反思本书研究的不足之处，并对未来研究提出展望。

2

幸福感愿景下的工作体验设计

本章介绍体验设计目标确立与概念转译的相关基础理论，概述现有的体验设计方法，聚焦幸福感愿景下体验作为优先设计目标而驱动的新的可能性的探索过程，并介绍三例体验设计目标扩展设计机会空间的探索型案例。

2.1 体验作为优先考虑的设计目标

近年来，随着体验经济与智能技术的兴起，设计的重点已经从实用性目标转向了体验性目标。回顾“设计方法运动”的历史可以发现，设计目标的内容、确立和实现方式，与社会、技术的发展一脉相承。

2.1.1 设计作为目标导向的活动

设计是与创造相关的领域，在尊重他人福利与自然环境的前提下，创建产品、系统、通信和满足人类需求的服务，以改善人们的生活（Owen，2004）。设计是富有想象的思维跳跃，从当前的事实跳跃到未来的可能性上（Page，1966）。设计是旨在将现有状态转变为首选状态的行动方案（Simon，1969），并面向不确定性做出决策。设计师通常会产生新颖的意想不到的解决方案，包容不确定性，处理不完整的信息，将想象力和建设性的远见应用于实际问题中，并使用图纸和其他建模媒体作为解决问题的手段。因此，设计可以视为一种对尚不存在事物的想象，使其以具体的形式出现，作为对现实世界的一种新的、有目的的补充。

“设计”作为名词，可以被认为是产品被设计完成后一种状态的表示；“设计”作为动词，可以被认为是一项有目的、有创造性且复杂的人类活动，例如探索、学习、推理、作决定、解决问题、创造可能性与改变现状等。荷兰埃因霍温理工大学设计教授Reymen兼顾这两种观点，将“设计”定义为产品在设计中的状态或设计过程转化为另一种以达到目标状态的活动（图2.1）。可见，设计可以被理解为一个以目标为导向且设计产出的状态不断变化的过程。目标和对预期结果的规划是设计过程的核心。

设计目标是设计实践的重点。Erbuomwan等人将设计目标定义为在每个设计步骤中所采取的设计行动和决策的目的。设计目标通常在一开始并不明确，它们可以在设计过程中通过构思、计划、制作而不断地发展。反之，目标渐进式引导设计活动的情境选择，并推动设计的进程。抛开与目标相关的问题，例如，如何在设计过程中处理不同目标之间的交互作用，识别理想的目标，并创造条件以达到设计成功的基本要求的目标。

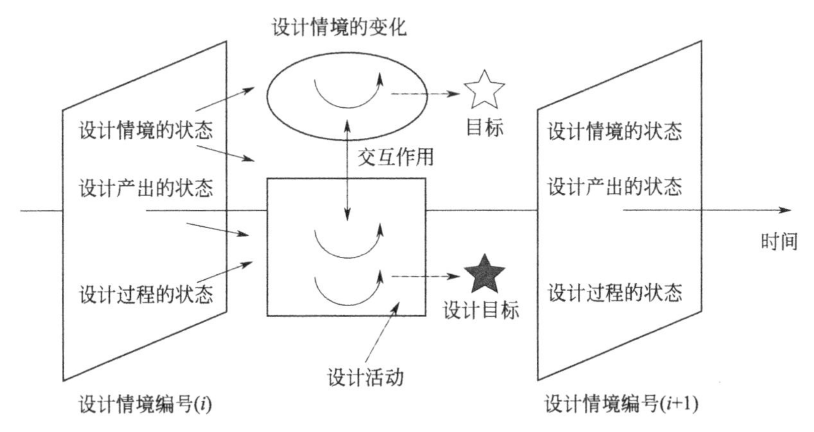

图2.1 设计作为目标导向的活动过程

对于设计师而言，在从抽象模糊的目标转化为具体明确的概念的过程中，保持目标导向的理性思维与激进开放的感性思维，通常是一个挑战。如Dorst指出，设计过程的一个重要部分是在提出解决方案时作出有根据的猜测，但如果设计要向现实世界交付结果，它最终需要在方法上保持严谨。

根据Dorst的观点，为了保持这种平衡，设计师们不得不采取一种感性的、追求灵感的方法，这意味着会有两种完全不同的设计方法论。一种是目标导向的理性问题解决范式，另一种是在行动中基于灵感的反思范式。

2.1.2 设计方法运动中的设计目标演变

在设计方法论的历史发展过程中，设计目标在设计方法中的重要性不言而喻。在过去五十多年的设计研究中，可以明确有三次主要的知识浪潮：对技术-理性问题的解决；反思实践和第二代设计方法；设计师式的认识方式。每一次设计方法浪潮对设计目标的制定和使用都产生了重要的影响。

第一次设计研究浪潮始于20世纪60年代，被称为"第一代设计方法"运动。这一运动起源于20世纪50年代，是指用科学技术和方法去解决问题、管理和运营的研究，旨在发展科学的设计知识以及系统方法以管理设计过程。在这一运动中，探索了许多线性的、循序渐进的设计过程模型。它们都有一个共同的概念，即设计过程包含两个不同的阶段：问题定义和问题解决。在问题定义阶段，设计师分析问题，确定所有元素，并列举出一个成功设计解决方案所需的必要条件。形成对比的是，问题解决是一个综合的有秩序的过程，设计师将各种需求相互结合与平衡，产生一个最终的计划，并将其付诸生产。这种技术-理性的设计过程在20世纪60年代被用于开发解决问题的计算机程序。Dorst认为Herbert Simon的研究《人工科学》（*The Science of The Artificial*），将经典设计方法论与计算机科学、心理学中的问题解决理论联系起来。从科学的实证主义观点出发，Simon把设计看作是一种以目标为导向的信息搜索过程，通过结构化的目标手段分析来获得满意的解决方案。此外，Dorst指出，理性问题解决作为基本设计方法论的范例之一，允许结构化的工作过程，以最有效的方式实现预先设想的目标。

尽管第一代设计方法在设计过程中具有方法论的精确性和逻辑的一致性，但第一代设计方法被批评为对实际设计过程的过度简化和对现实设计问题的欠成熟考虑。从20世纪70年代开始的第二次设计研究浪潮对第一代设计方法的规定性作出了反应。在第二次设计研究浪潮中出现了两种引人注目的思潮：一个是Donald Schön的实用主义反思性实践理论，另一个是Horst Rittel的后实证主义第二代设计方法。从实用主义的角度，Schön将设计描述为一种情境反思性对话，其中设计知识是在行动中获得，在实际设计中被揭示。Schön批判Simon的方法，因为其方法只适合定义明确和传统的问题，而设计师要经常面对不确定的、定义不明确的、复杂的和不连贯的问题。此外，Schön提出建立一个在艺术中隐含的实践认识论，设计和其他实践者把不确定性、不稳定性、独特性和价值冲突的情况加入其中的直觉过程。类似的，Rittel反对设计过程的分步模型。他认为设计是一个由参与者之间争论所驱动的辩论过程，他们不同的世界观和判断，有助于对设计问题的全面理解。

设计研究的第三次浪潮远离了实证模型和科学方法，认为设计是一个独特的学科。面对当代的全球性问题，顶尖的设计研究采用了广泛的概念、方法、技术和理论，以各种形式促进发展“设计师式的认知与思考方式”。

这些设计研究的浪潮表明，设计实践针对不同设计主题，采用不同的方法设置与使用设计目标。第一代设计方法受到工程设计方向的影响，认为设计目标等同于特定的需求，应该在设计过程的最初就阐明。设计研究的第二次浪潮开始关注参与设计的人，表明设计目标与个人认知和协作能力有关，目标是随着设计师对设计问题不断深入了解而发展的。设计研究的第三次浪潮主张在设定设计目标时要考虑其多元性与平衡性，这样可以促进创造性和变革性，使生活更有意义。

2.1.3 多学科视角下的体验研究

芬兰阿尔托大学国际体验研究平台主席Virpi Roto教授的文献计量分析涵盖了Scopus数据库收录的从1894年到2018年的51901篇在作者关键词领域（author keyword）含有“体验”（experience）或“体验的”（experiential）的出版物，其中略多于一半的出版物属于社会科学和人文科学，三分之一属于物理科学，28%属于健康科学，10%属于生命科学，还有少量（0.3%）属于其他类别（一篇文献可以属于两种学科领域）。不同的学科从不同的角度以不同的目的来理解体验，因此我们需要将体验理解为一个多学科的概念。哲学为体验研究奠定了理论基础，设计、经济、管理等应用领域为体验创新提供了探索情境。

（1）哲学视角下的体验

体验是现象学、哲学的主要研究对象。现代现象学创立者德国哲学家Edmund Husserl认为自然科学朝着工具理性的方向片面发展，担心科学和数学领域越来越成为无量纲点和无摩擦表面的抽象和理想化领域，已经取代了现实世界。忽略了人对生活的丰富体验，科学研究的对象并没有包括人们日常生活中感受到的意义与价值。Husserl提出，研究应当“回到事情本身”，即人们对充满人性的生活世界的切身体验，包括感知、想象意识和图像意识、概念思维的行为、猜测与怀疑、愉悦与痛苦、希望与忧虑、愿望与要求等，只要它们在我们的意识中发生。现象学诠释学的代表人物、德国哲学家Hans-Georg Gadamer认为，体验要表达我们在精神科学中所遇到的意义构成物，即体验对应一个抽象且强化的意义。

美国哲学家John Dewey从自然实用主义角度提出体验的三大属性。第一，交互属性。Dewey将体验视为“主体”和“客体”的交织：体验是生命体与其环境相互作用的结果、标志与奖励；当它充分发挥时，就是将相互作用转化为参与和交流。思想与体验联系在一起，而体验来自个体与世界的互动。思想表达行为（如产生艺术作品的行为）是处理情绪紧张和痛苦的一种方式，是积极的行动力量。意义在个体与世界的交互行动中被发现和表达。第二，连续属性。Dewey认为，所有的体验都受到过去经历的影响，同时也影响着未来的体验。人类的体验不是暂时的，也不是感官上独立的；当前的体验与先前的体验和未来的体验有关。先前、当前与未来的体验构成了我们的生活。第三，成长属性。人类的体验不是简单地从过去到现在再到未来，在这个过程中，体验不断地重组和发展。某种体验不是在某个时刻完成的，它向未来不断发展，一直持续到体验的主体不再存在。所以，人生就是发展，发展是由人们的经历决定的。人们的体验使人们能够积累知识。即使是人们没有亲身体验过的东西，在想象时也会受到人们过去经历的影响。过去的经历是想象发生所需的资源。最终，多样化的体验使人们的想象力蓬勃发展。通过体验，人们想象、思考、学习和生活。

（2）商学视角下的体验

在经济学领域，Pine和Gilmore将体验经济描述为货物（农业经济）、商品（工业经济）和服务（服务经济）之后的下一个经济供应形式，将令人难忘的体验作为最终的商业产品。体验被定义为消费者通过反思参与的情感、身体、智力和精神层面所产生的内部反应；消费体验的四个领域包括审美、逃避现实、娱乐和教育成分。

在管理学领域，客户体验（Customer Experience）是消费者在消费过程的所有阶段（包括购买前、消费和购买后）中的认知、情感、感官和行为反应的总和。客户体验的不同维度包括感官、情绪、感觉、知觉、认知评价、参与、记忆，以及精神成分和行为意图。消费前的预期体验可以描述为从感受未来事件中获得的愉悦或不愉悦的程度，而记忆体验则与对之前事件和产品或服务体验的回忆有关。客户体验是在“接触”时被唤醒，这些“接触”是与产品或服务本身，或与第三方的产品或服务代表直接接触的触点。客户体验是动态的和可变的。品牌的满意度与忠诚度、对可持续性的关注、技术趋势、政治议程、文化变化会对消费者体验产生重大影响。

（3）设计视角下的体验

在过去的二十年里，来自不同学科（如心理学、社会学、工程学和人机交互学）的各种框架有助于设计师对体验有基本和广泛的理解，并为其提供研究工具。荷兰代尔夫特理工大学设计学教授Shifferstein与Hekkert（2008）首次尝试整合多个不同领域的体验研究，贡献于产品和服务设计，不包括艺术作品（图2.2）。该研究指出现有体验研究的三个视角：以人为导向（如感官、能力与技能）、以人与产品交互为导向（如美感体验、情感体验和意义体验）以及以产品为导向（如非耐用品、体验数字产品体验和环境体验）。根据体验研究的科学证据提出设计内涵和指导，为体验理论启发设计实践提供合理的路径，提升触发目标体验的可能性。

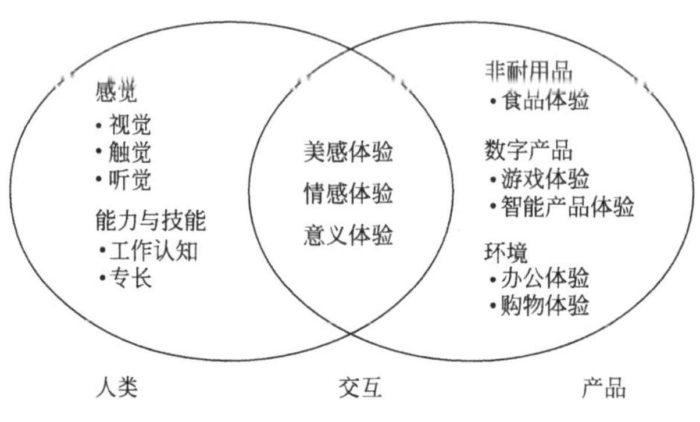

图2.2　体验研究的范围

受Dewey的启发，应用学科试图定义有关人类与其环境之间相互作用的特定体验。在交互设计领域，德国体验设计教授Hassenzahl总结了体验的关键属性：一是主观性，可以通过客观条件塑造主观体验；二是整体性，包括知觉、行动、动机和认知的一个有意义的、不可分割的整体；三是情境性，没有两种体验是完全相同的，但体验还是可以归类的；四是动态性，单个时刻的顺序、时间和显着性会影响整体体验。

Schifferstein与Hekkert借鉴心理学，将产品体验定义为对与产品互动所引起的心理效应的认识，包括人们所有感官受到刺激的程度、产品对人们的意义和价值，以及由此引起的感觉和情感。Desmet和Hekkert介绍了产品体验的一般框架，该框架适用于所有在人类交互中可以经历的情感反应，并讨论了三个不同的产品或产品体验水平：美感体验、意义体验和情感体验（图2.3）。

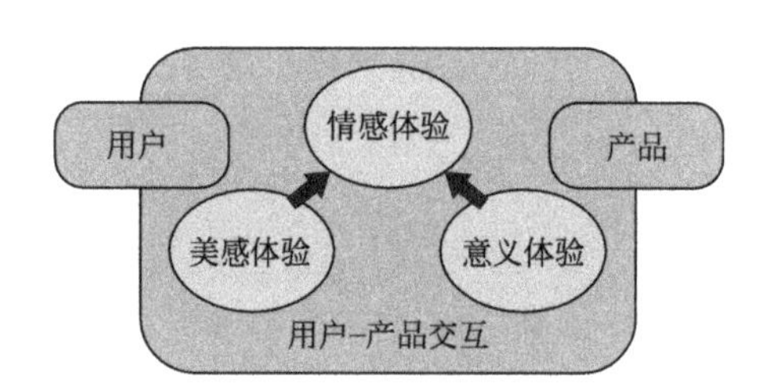

图2.3　产品体验框架

基于Dewey的研究，Forlizzi与Ford提出了交互设计师探索体验维度的元素：潜意识、认知、叙事与故事体验，以及它们之间的转换与体验的状态、经历与作为故事的体验。Forlizzi和Battarbee进一步将人与产品的交互分为三类：一是流畅型（fluent），自动化与简易的用户体验；二是认知型（cognitive），专注于产品使用的体验；三是表达型（expressive），创造用户与产品的故事。这些用户-产品交互在特定环境中展开，产生三种类型的体验（图2.4）。第一种体验是“流”（experience or experiencing），是在人们有意识的时候不断发生的“自我对话”，是人们在任何给定时间内不断评估与周围的人员、产品和环境相关的目标的方式。第二种是一段有始有终的体验（an experience），并且经常激发体验者的情绪和行为变化。第三种是共同体验（co-experience），发生在共同创造或与他人共享的体验中。人们发现某些体验值得分享，并“提升”它们以引起共同关注。

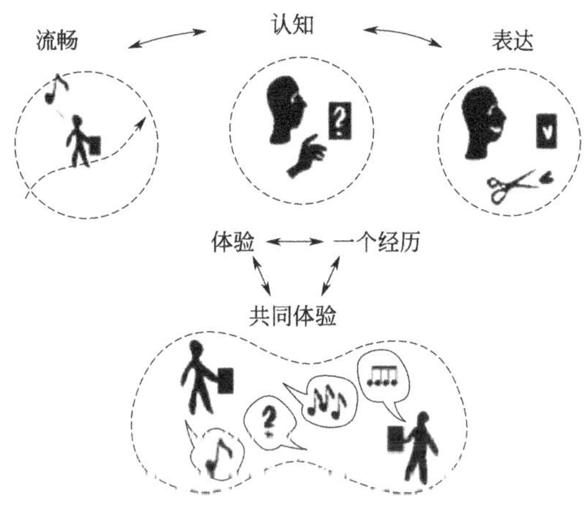

图2.4　个人互动和社会互动中的体验动态

Mäkelä与Fulton-Suri提供了用户体验的概念模型，强调当前的体验受到用户以前的经历和期望的影响，当前的体验影响未来的体验并改变期望。Hiltunen等人提出了用户体验周期，其中期望是一个重要的构建模块。从持续的用户体验的角度来看，Pohlmeyer提出持续的用户体验生命周期模型，Roto等人着重于使用情况（图2.5）和

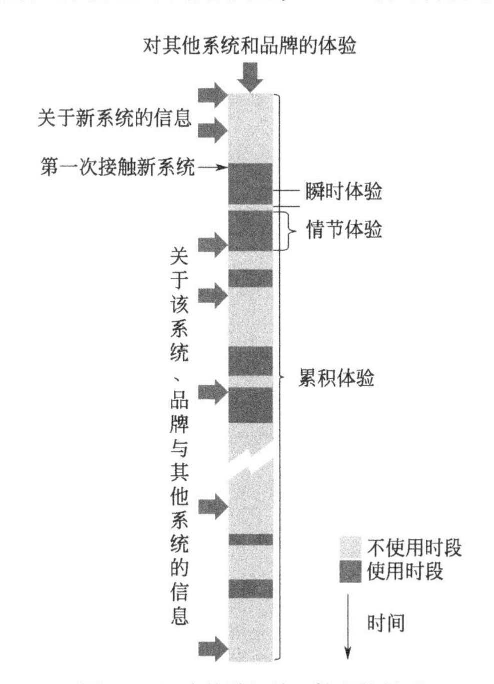

图2.5　用户体验与使用情况的关系

用户体验周期（图2.6）。Karapanos等人调查了随着时间推移的用户体验，并确定采用产品三个阶段：最初由激励和易学性驱动，随后将产品融入日常生活，最后阶段增加对产品的认同。这些基于时间的体验框架将设计师的关注点从使用阶段扩展到整个体验时间跨度和产品生命周期。

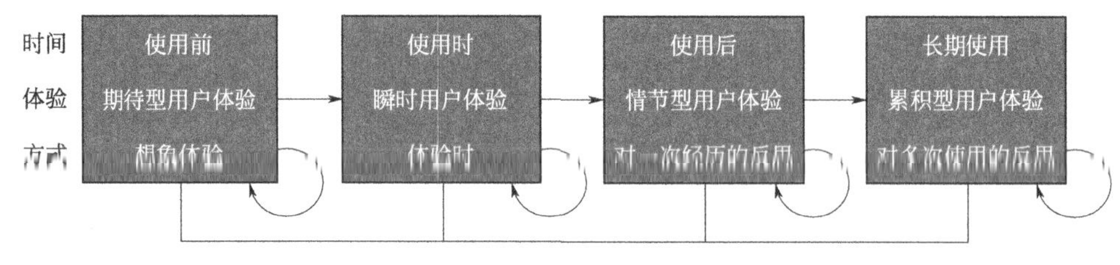

图2.6　用户体验周期

ISO 9241-210标准将用户体验定义为用户对产品、系统或服务的使用或预期使用所产生的感知与反应。用户体验包括所有用户在使用前、使用中和使用后的情感、信念、偏好、感知、生理和心理反应、行为和成就。

2.1.4 体验作为设计目标

设计的概念在20世纪已经被极大地扩展到所有领域：从实物制品，如工程、工业设计和建筑的成果，到任何创造性工作的成果，如复杂社会技术系统。相应的，设计师的概念已经扩展到任何个人，只要其工作涉及对人工制品的任何方面有计划性的构想。Buchanan提出了设计的四个层次（图2.7），反映了设计师工作中涉及的基本问题：通过标记和符号进行交流；制造任何规模的人工制品；在计划行动、活动、服务和过程中深思熟虑；对包罗万象的信息进行系统化整合，如社会组织、物理环境、人类环境、符号环境与文化。

对设计四个层次的探索表明了设计主题日益复杂，因为符号、人工制品、行动和组织不仅相互关联，而且在当代设计思维中相互渗透和融合。这种理解扩展了传统专注于单一秩序的设计观点，因此需要一种整体的设计方法。例如，在设计一款手机

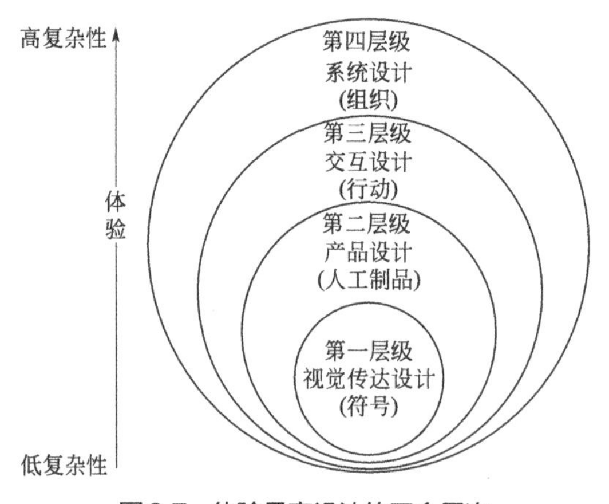

图2.7　体验贯穿设计的四个层次

时，设计师需要探索一个公司品牌（组织）的生态和文化，手机使用的互动手段（行动），手机形态（人工制品）的美学和工程的融合，以及界面图标（符号）的信息交流。设计机会的扩展关注的是“设计正确的东西”优先于“正确地设计东西”。重要的是，每一个设计层次都为人工设计世界和人类体验之间提供了一条通道，并产生体验结果。体验是四个设计层次的共同元素。可见，从概念上将人及其体验作为设计师关注的核心是一种将想法组织简化与整合的方式。

唤起某种体验的设计是一种古老的实践，仪式、礼节、戏剧、建筑和媒体与设计一样，共性是对体验的一种表达。与设计相关的体验价值首先体现在市场营销研究的客户体验和品牌体验，例如，如何让客户感觉、体会、思考、行动并将公司和品牌联系起来。Pine与Gilmore认识到引人注目的体验是一种有竞争力的输出，可以连接客户、消费者和员工，并确保他们的忠诚度。

计算机作为消费产品的出现与体验经济相得益彰。在第一波以人因工效学的设计和第二波以参与者为元素的设计之后的第三波人机交互中，体验成为关键词。在交互设计实践中，对体验的关注已经被认为是一种新的设计视角和新型设计内容，改变了传统人机交互中以任务为导向和解决问题的方法。此外，在过去的二十年里，许多公司，如IBM、微软、苹果和许多设计咨询公司都采用了体验设计语言。公司已经开始利用设计师式的方法，通过多个接触点交互的客户体验设计来开发贯通一致的品牌表达。

Hassenzahl从心理学的角度指出了将体验作为设计目标的几个关键原因。第一，体验比物质财富更能让人愉悦，因为体验更接近自我，可以积极地重新解释为对过去的回顾总结。第二，体验为行动和情况提供意义，从而激励未来的活动。

受积极心理学理论的启发，设计的方向已经从防止痛苦转向促进人类繁荣，从丰富物质到创造精神，从实用性和可用性到享乐和意义，从即时响应到长期影响，从设计解决方案到设计可能性。与这个新的设计方向相一致，如将预期的用户体验作为设计过程的主要目标，先考虑体验再考虑产品，将体验作为设计的优先目标，将设计使命提升到幸福感愿景。

2.2 体验设计的愿景：幸福感

2.2.1 幸福感的定义与构成

自人类社会形成以来，幸福就已经成为人生追求与社会发展的终极目的。人类文明史就是人类为追求自身幸福而奋斗的历史。幸福感则成为人类梦寐以求的生命体验。两千多年前，从西方柏拉图的灵魂和谐说、亚里士多德的道德生活、伊壁鸠鲁的平静之乐，到东方孔子的天人合德、老子的以人合道、墨子的依归信仰，古今中外的圣贤都曾寻求过“什么是幸福”“为什么追求幸福”与“如何实现幸福”的答案，从伦理与哲学的角度挖掘了幸福思辨的源泉。现今，心理学、管理学、教育学、经济学、神经科学等多学科的融入正进一步拓宽与加深对幸福的诠释。

在2011年，联合国大会呼吁，幸福是符合人类千年发展的基本目标。成员国在确定如何实现和衡量本国的社会和经济发展时，应该更多地关注公民对幸福的追求。2013年，经济合作与发展组织发起了美好生活倡议，将主观幸福感作为社会进步的一个重要指标。时任联合国秘书长潘基文指出，创造一个有利于提升人民幸福感的环境本身就是一个发展目标，将衡量国家发展水平的重点从经济生产转向人民福祉。2015年，联合国通过了《2030年可持续发展议程》，提出17项可持续发展目标（SDGs），确保健康和提升人民幸福感是其中的一项，呼吁所有国家发展国民幸福感，同时也做好对地球的安全保障。

根据Stevens等人的综述，目前就“幸福感”的确切定义学界还没有达成共识，但对各种术语的含义及其相互关系却有讨论。哲学和心理学从享乐论与实现论提供了大量的定义和解释。Stevens等人发现对幸福的广义解释是“在最广泛的意义上对个体生物有益的生活条件”和“幸福感不亚于一群人共同创造美好生活”；关于幸福感的另一个有趣而简洁的表述是“感觉良好且功能良好”。

研究人员把注意力从定义幸福感转移到了确定幸福感的维度，这使人们对“幸福感”的构造有了更细致的理解。Stevens等人建立了一个关于幸福感术语多样性的总结表（表2.1），比较了与幸福感相关的研究主题，包括：概念来源，享乐论或至善论的本质；幸福感的定义或描述，即幸福感的组成成分是个人衡量幸福的指标，更确切地说，是明确人们追求幸福的特定需求。

表2.1　幸福感语义的术语多样性

学科	作者	年份	概念来源		幸福感定义	幸福感结构	其他
			至善论	享乐论			
心理学	Maslow	1954	自我实现		发挥自己的全部潜力，体验目的和意义		
心理学	Rogers	1961	美好生活				
心理学	Bradburn	1969	心理幸福感		积极影响大于消极影响		功能齐全的人：对体验持开放态度，活在当下，做对他们有益的事情，无体验，有创造力等
心理学	Diener	1984	生活满意度		积极和消极情感之间的平衡		生活的回顾性判断

续表

学科	作者	年份	概念来源		幸福感定义	幸福感结构	其他
			至善论	享乐论			
心理学	Csikszentmihalyi	1990	心流		全神贯注于某事		掌握
经济学	Max-Neef	1991				人类的9种基本需求：生存、保护、情感、理解、参与、休闲、创造、身份、自由	
心理学	Cummins	1996	个人幸福感			衡量一个人的生活满意度：生活水平、健康、生活成就、人际关系、安全、社区联系、未来安全	
心理学	Kahneman	1999	幸福				
心理学	Nussbaum	2000				人类的10项能力：生命，身体健康，身体完整性，运用感官、想象力和思想，表达情感，实践理性，归属感，关心其他物种，游戏，对环境的控制	
心理学	Ryan & Deci	2002	自我决定			满足3种心理需求：自主性、能力、关联性	
社会学与经济学	Keyes	2002	心盛		心盛的分析：情绪、心理和积极功能	14项因素：积极影响（愉悦和兴趣）、人生目标、自我接纳、社会贡献、社会融合、社会成长、社会接纳、社会凝聚力、环境掌握、个人成长、自主、生活满意度	愉悦、健康、有能力和敬业
心理学	Seligman	2003	真实幸福感			愉快的生活、投入的或美好的生活、有意义的生活	

续表

学科	作者	年份	概念来源		幸福感定义	幸福感结构	其他
			至善论	享乐论			
心理学	Eid & Diener	2004	主观幸福感			一个人的生活多维评价，包括对生活满意度的认知判断，以及对情绪和情绪的情感评价	
心理学	Peterson等人	2005	幸福和生活满意度			通往幸福的3条途径：愉悦、参与、意义	
经济学	Ranis等人	2006			人类心盛	8个领域：身体福祉、物质福祉、心理发展、工作、安全、精神福祉、赋权和政治自由、尊重其他物种	
心理学	Lyubomirsky	2007	幸福				12个策略：表达祝福、乐观、避免过度思考和社会比较、做出善举、维护人际关系、做更多真正吸引你的活动、重温和品味生活的乐趣、致力于你的目标、制定应对策略、学习原谅、信仰宗教、照顾你的身体
心理学	Ryff & Singer	2008	心理幸福感			自我接纳、人生目标、环境掌握、积极的人际关系、个人成长、自主	联系、积极、注意、不断学习、给予
心理学	Cummins	2010	体内平衡			线程和强度之间的平衡	
心理学	Diener等人	2010	心盛		积极功能——满足一系列普遍的人类心理需求	8项因素：积极的关系、参与、目的和意义、自我接纳和自尊、能力、乐观、社会贡献	
心理学	Seligman	2011	心盛			积极的情绪、参与、关系、意义、成就	

续表

学科	作者	年份	概念来源		幸福感定义	幸福感结构	其他
			至善论	享乐论			
心理学	Veenhoven	2011	幸福		个人对整体生活质量的总体评价程度		
心理学	Dodge	2012	均衡理论			心理、生理和社会资源与心理、生理和社会挑战之间的平衡	
设计学	Ruitenberg & Desmet	2012	有意义的活动				参加活动，利用和发展用户的个人技能和才能，植根于他们的价值观，为更大的利益做出贡献，作为回报和乐趣
设计学	Desmet & Pohlmeyer	2013	心盛			愉悦、意义和美德同时出现时的交叉点	
心理学	Huppert & So	2013	心盛	感觉良好和有效运作的结合		10个组成部分（也是抑郁症的反面）：能力、情绪稳定性、参与度、意义、乐观、积极情绪、积极的人际关系、弹性、自尊、活力	
心理学	Rusk & Waters	2015	积极功能			5个领域：理解和应对、注意力和意识、情感、目标和习惯、美德和人际关系	
心理学	Butler & Kern	2016	心盛		由跨多个心理社会领域的功能产生的心理社会功能的动态最佳状态		

（1）幸福感内涵分析与比较

Bradburn是最早进一步扩展幸福享乐主义观点的人之一，他认为当积极情感超越消极情感时就会产生幸福感，这是一个人所处的心理状态，并伴随着暂时愉悦的感觉。Stevens在文献综述中指出，“happiness”经常被作为“wellbeing”一词的同义词，而在大多数关于享乐幸福的历史演变文献中，“幸福”（happiness）被定义为“愉悦”

（pleasure）的同义词。研究人员对“愉悦和痛苦是两个不同的方面”还是“它们交织在一起”的认知程度提出了质疑，提出认知成分也是幸福的一部分的论点，以便能够衡量“愉悦”和“痛苦”之间的差距。

主观幸福感的概念可以追溯至古希腊哲学家阿里斯底波的“幸福享乐论”，主流观点认为主观幸福感包括个人的主观愉悦以及个人对整体生活中愉悦与痛苦的评价，是衡量生活质量的重要指标。Diener基于三十年的研究，提出了主观幸福感的四维度结构：对过去、现在、未来生活的满意度；积极的情感体验；消极的情感体验；对生活各个领域的满意度。主观幸福感具有以下三个特点：一是主观性，依赖于个体的主观感受；二是外显性，情绪与生活满意度是易于感知、评判与权衡的；三是波动性，受积极与消极的生活事件影响。

真实幸福感理论关注个人对生活的评价性问题或判断。享乐主义的捍卫者Feldman认为，“愉悦”不仅应被视为感官愉悦，还应被视为态度的一部分，即积极的态度。综上，享乐主义幸福感具有多重成分，主要有基于愉悦情感、生活认知与积极态度三方面。

从至善主义角度，Maslow提出自我实现是人类的本质需求，与其他需求不同（生理、安全等需求都驱动人们填补缺失，达到最佳状态），不存在最佳状态。但随着整体人格的不断提升，潜力的逐步发展，人们会越来越想发现并拓展自己更多的能力。巅峰体验（Flow，又称心流）是指个人精神力完全投注在某种活动上的感觉，是自我实现的标志之一。

Rogers提出“美好生活”（The Good Life）是发挥全效的个体持续地朝向满足潜能的目标前进。“发挥全效的人”最初被描述为一个对体验持开放态度、活在当下、信任和使用个人价值观、过着存在感日益增强的生活的人，具有控制感和创造性。Rogers认为这样的人拥有积极的生活态度，在相信自己的同时不断追求卓越。换言之，在心理上准备好发挥自己的潜力，并将生活视为一个过程，对达到自我实现的目标至关重要。因此，Rogers指出，自我实现符合一系列客观的或可客观化的标准，这些客观标准涉及每个人客观上更喜欢的方面或价值观，例如“安全”。这种方法与Parfit的观点一致，他将至善幸福感视为一种“客观列表理论”，包括实现某些客观价值，例如完善一个人的本性或实现人类的能力。

Ryff和Singer进一步阐述了“客观列表理论”与自我实现的含义，提出了多面结构概念心理幸福感（psychological wellbeing，Ryff将其用作至善幸福感的同义词）。自我实现是其概念的核心，基于个体独特的潜力。Ryff和Singer明确提出个人责任与积极实现个人全部潜力的投入程度，暗示被动和偶然地消耗“生命”是不够的。除了积极的态度之外，有意识地理解自己正在从事的工作也是此概念的一部分。这意味着人们通过其采取的行动创造意义，或者，正如Vivenza所说，“行动由思想指导”。至善幸福感不仅需要良好的品格，还需要理性的活动，这清楚地提到了至善幸福感的积极性质，意味着对生活要有积极态度并需要在生活中保持专注。

自决理论作出了更多关于幸福感及其维度的解释，客观价值清单涉及人类与生俱来需要满足的心理需求，由可行能力方法（capability approach）实现。该方法建立在一个人执行或获得关于他们所持有的某些价值观的成就力量之上，从而强调一个人可以在应用自己的内在力量的同时满足需求。然而，在描述人类具体的客观需求和能力的清单方面，“机能完善者”的概念被得以深化，这些需求和能力刺激人们在生活中采取行动。

关于至善幸福感的另一个有影响力的参考是Martin Seligman的研究。作为积极心理学的创始人之一，他在2003年提出了“真实的幸福”的概念。在他看来，真正的幸福意味着同时拥有愉快的、投入的和有意义的生活。具体来说，一个人可以通过以下方式实现这一目标：拥有积极的情感，努力追求参与到生活的各个层面（如工作、人际关系、休闲），利用自己的特长和天赋服务生活中“更重大”的事情。2011年，Seligman将他的“真实的幸福”理论进一步发展为幸福感理论。他首先在已经确定的积极情绪、参与和意义的维度上增加了人际关系和成就的维度。此外，不再追求生活满意度的目标，而是建议通过增加积极的情绪，以及社会参与度、人际关系、意义感和成就感来努力实现人类心盛。Seligman相信个人“品格”的发展是必要的，当一个人为了获得智慧、知识、爱和人性等普遍美德时，就需要培养和发展诸如善良或独创性等个人能力。在他看来，重要的是人们有责任选择发展自己的优势，而不是纠正弱点，并在这样做时拥有蓬勃发展的前景。

Stevens回顾了享乐主义与至善主义幸福感观点的演变，总结如表2.2所示。

表2.2　享乐幸福感与至善幸福感比较

	思考方式	行动方式	时间框架
享乐幸福感	主观：是一种对愉悦和痛苦之间平衡的主观衡量，取决于个人的主观价值	被动：被动地“消费”愉悦与被动评价	短期：回顾特定时期内发生的事情或当下正在发生的事情，较为频繁地展开回顾评价
至善幸福感	客观：需要个人的努力和驱动力、心智的存在和身体的活动，以满足某些客观的、心理上的需求和价值	主动：以积极的方式发挥个人的作用	长期：“自我实现”作为目标，将他们整个一生的时间作为时间跨度，具有前瞻性的视角

（2）积极心理学：心盛体验

长期以来，人们理所当然地认为只要消极方面不存在或消失，就能拥有幸福感。然而，这种思路已经被越来越多的研究所反驳，这些研究解释了，“病态”和它的反义词“健康”是可以相互独立发展的连续体。因此，消除负面因素并不一定等于更幸福，人们应该做的是增加正面因素。采取这种积极的方式是“积极心理学”的关键。积极心理学是一个在过去几十年中发展起来的研究领域，旨在对抗心理学中对相当消极的话题的关注，例如什么导致了抑郁或压力。对幸福的研究是从积极心理学中发展出来的。

1998年，Martin Seligman作为美国心理学会（The American Psychological Association，APA）主席，在就职演说中指出，心理学家应该专注于研究使人愉悦的因素，而不是聚焦于负面问题。他认为传统心理学的做法往往侧重于精神疾病，并强调适应不良的行为和消极的思维，却忽视了对幸福感体验的激发。他提出了新的心理学领域——积极心理学，探讨人生的价值与意义，侧重于个人和社会福祉。在积极心理学中有三个方面是关键：既要关注优点也要关注缺点；要有兴趣创造生活中的美好，也要有兴趣处理生活中的糟糕；像治疗病症一样，关注让正常人的生活变得充实，培养他们的天赋。Gable和Haidt在2005年将积极心理学定义为对促进人、团体和机构兴盛或达到最佳功能的条件和过程的研究。

心盛是积极心理学的核心概念之一，是指一种完全、高度心理健康的表征，意味着个体生活在人类功能的最佳范围内，具备善良、创造力、成长性和韧性等品质。例如，心盛的人常充满热情与活力，可以在个人生活及社会互动中发挥积极参与的功能，生活具有意义感与目的感，不仅是存在于这个世界而已。心盛不仅与病理学相对，而且与萎靡不振形成对比，后者被描述为过着一种空虚的生活。Hone等人将心盛定义为“拥有高水平的主观幸福感”。Schotanus-Dijkstra提出了一个类似的定义，指出心盛是拥有高水平的享乐幸福感和至善幸福感，强调了心盛的多维度特征。此外，心盛还包括在生活中找到正确的平衡，符合Csikszentmihalyi所描述的心流状态，在其中实现挑战和资源之间的正确平衡。

Huppert和So指出，心盛是生活顺利的体验，感觉良好并有效运作。在这里，Stevens注意到一个转变，即心盛从被视为一种“思想状态”转向强调其能动性，并将其视为积极追求的目标。可见，与相邻的“幸福”或“安康”概念相比，心盛似乎是作为一个更主动的概念。

除了对心盛的描述，当代的研究还思考心盛的构成因素，或什么个性和属性的人可被称为“成功伟大的人”。Keyes承认一个人享乐状态的存在是其享受心盛的一部分，并继续定义14个项目，代表3种类型（情感、心理和社会）的幸福。VanderWeele认为，心盛至少需要人类在以下5个领域做得好：生活满意度，身心健康，意义和目的，品格和美德，密切的社会关系。

虽然在列举心盛的成分上略有不同，但许多关于心盛的概念将个人发展与广泛的社会背景下的美德生活相结合。事实上，正如不同的学者迄今为止得出的结论，对人类心盛的认识仍然处于起步阶段。

综上，人类心盛是一个采取积极观点的概念，具有比较程度的多维结构，包含了小部分享乐幸福感与大部分至善幸福感的成分，具有主观能动性。并且它是由个人和更多社会范围内的成分构建的，如个人发展和美德行为。作者认为幸福感愿景下的体验设计的目标应提高为人类心盛，是两种幸福取向的整合，包括享乐幸福的感官体验与至善幸福的意义体验。

2.2.2 意义目标、事件目标与操作目标

受自我调节理论和活动理论的启发，Hassenzahl提出“三级目标层次结构”用户体验模型，便于在体验设计中设定目标（图2.8）。体验设计应该从意义目标“为什

么”开始，即“be-goal”，这是层次结构的最高级别，涉及活动的动机和深层意义。Hassenzahl等人指出，普遍的心理需求是目标的来源，例如能力、刺激、联系、自主性、受欢迎程度、意义、安全感和强健的身体等。需求满足有助于体验和幸福的深度。同样，受Heidegger现象学思想的启发，Wendt将体验设计理解为“Dasein”（存在）的设计，即保持存在的情境感。Wendt进一步指出，人们在不断地朝着一个由“为何存在”驱动的未来目标行动，因此设计师应该牢记最终用户的意义目标，例如，成为有责任感的母亲。在定义了“be-goals”的顶层目标之后，设计师将转移到中层，为“做什么”设定务实的事件目标，以解决具体的问题，例如做饭。最低层的是操作目标，指的是“如何”操作，例如，触动烤箱上的按钮。

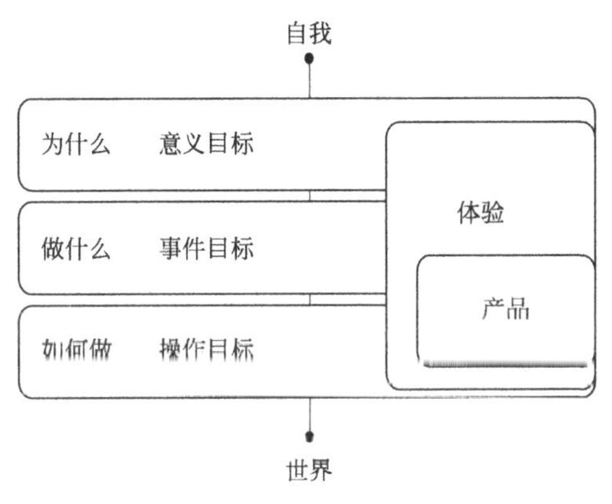

图2.8　目标的三级层次结构

体验渗透在这三个层级的目标中。传统上，交互设计强调的是操作目标，例如如何操作烤箱，因此这一层次的体验设计目标通常具有安全性与简易性。这一层级的体验接近于美学体验，是多感官印象和交互品质的结果。产品设计通常从事件目标开始，这涉及如何定义活动和功能，例如，在微波炉里烤蛋糕。实施目标的级别体验可以是有益或方便的。体验设计首先考虑体验的意义或影响，这与价值、需求或拥有这种体验的深层原因有关，例如，保持健康是制作沙拉的原因。

操作目标和事件目标驱动的设计通常针对产品的实用属性的体验，而意义目标驱动的设计强调从活动中产生的深刻意义的体验。目标的三级层次结构提供了一种结构化的方法来设计不同层次的体验。在其他设计理论中也可以看到类似于不同维度的体验。例如，Norman提供了一个包含内在、行为和反思的情感设计框架。Jordan确定了四种愉悦，即生理的愉悦、心理的愉悦、社会的愉悦和观念的愉悦。McCarthy与Wright揭示了体验的四种线索，即感官的、情感的、时空的和构成的。Jensen展示了体验的三个维度：产品、行动或关系，以及意义。这些理论通常同时涉及体验的实用方面和意义方面。

先考虑“为什么”作为体验设计目标的概念符合以愿景为驱动的产品设计方法，即从思考设计什么产品转向挖掘产品存在的潜在原因。这种方法首先解构现有产品的表达、互动和背景，提出“为什么这个设计是这样的”的问题。然后设想未来的环境，人与产品的互动，最后才生产出新产品。

2.2.3 积极设计

为了实现高层次设计目标——福祉，Desmet和Hassenzahl提出可能性驱动设计的两种策略：一种是愉悦生活或享乐主义的设计，另一种是有意义的生活或至善主义的设计。这是相对于以问题为驱动的传统设计方法的另一种选择。问题驱动设计主要关注避免、移除或中和负面体验，而不是直接关注积极体验。相反，可能性驱动设计的目标是从中立到积极的转变。

此外，Desmet与Pohlmeyer从积极心理学中汲取灵感，发展了积极设计方法。积极心理学将研究重点从专注于治疗心理疾病转向激发人的潜能和蓬勃发展。心盛是幸福理论中积极心理学的终极目标。幸福的五个基本并可区分的要素可以被认为是人类蓬勃发展的指标：积极的情感、参与度、关系、意义和成就。因此，积极的设计方法将设计目标提升到了人类心盛的高度。因此，积极设计框架包含了主观幸福感的三个主要组成部分：愉悦、个人意义和美德（图2.9）。

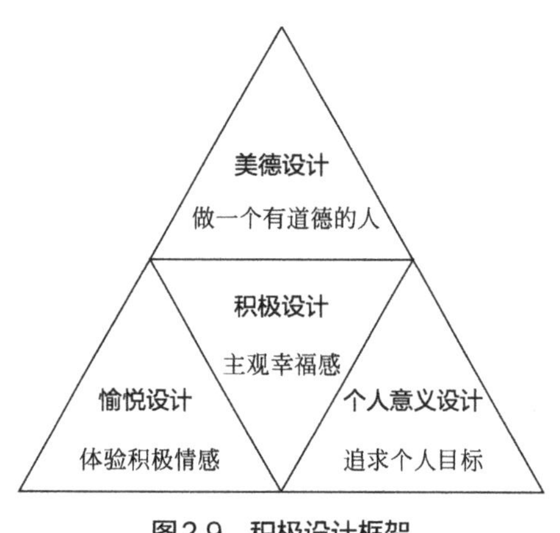

图2.9 积极设计框架

为美德而设计就是为高尚行为的设计。它意味着对“什么是好的”和“什么是坏的”一种规范的区分，这与人们可能喜欢什么或追求什么无关。为个人意义而设计关注的是一个人持续一段时间的个人目标和愿望，它也可以来自对过去成就的认识，或来自对未来目标的使命感。为愉悦而设计就是为短暂的享受而设计，专注于此时此地，积极情感的存在和消极情感的缺失。主观幸福感可以由它们各自独立激发，心盛设计是三者的交汇点。

与正向设计类似的是正向计算框架，根据以下三种幸福因素提供了理论、策略、方法和措施：自我因素（如积极情绪、动机和投入、自我意识、专注力和弹性）、社会因素（如感恩和同理心）和超越因素（如同情心和利他主义）。

2.2.4 体验模式

多学科理论可以支持对体验的多个方面的理解，并可以明确设置深刻体验设计目标的来源。然而，体验设计的第二个挑战是如何为目标体验者创造条件，让他们拥有预期的体验，这仍有待解决。体验设计实践需要更具体、更容易理解的设计指导。Shedroff建议采用体验分类法，鼓励设计师探索是什么让各种体验变得独特。Hassenzahl提出了体验分类的概念，认为尽管同类体验在不同的情况下略有不同，但同类体验的核心是相同的。Hassenzahl等人建议使用心理需求来理解和划分体验，并引入“体验模式”作为概念工具来提炼某类体验的本质，并将其写入产品。

体验模式试图将看似复杂的积极体验提炼成一组对该体验的精要洞察。这一设置足以解释为什么人们喜欢这种类型的体验。通过这一点，它成为各种积极体验的蓝图，并作为塑造体验的模型范本。模式可以来源于收集积极体验的分析总结，或一些自传经历，或小说中的只言片语。Bate与Robert将模式视为设计原则，例如“即时反馈”是医疗保健环境中进入和退出体验的关键模式。优质的体验模式的最低要求是有一个明确的范围，控制其有效性，被模式的使用者识别和肯定。体验模式的意识、抽象和应用是体验设计的核心。

受到体验模式的创造和应用的启发，Zeiner等人将体验类别作为一种用户体验研究方法，用于设计工作中与技术有关的积极体验。从体验访谈数据中提取体验类别，之后便于设计新的体验。类似的，Väänänen-Vainio-Mattila等人呼吁成熟地理解体验类型和方法，以实现无处不在的计算系统的体验设计目标。他们提出了一个框架来设计和评估普适计算系统与理想目标体验。他们明确指出，需要建立与用户体验相关的设计因素与功能之间的关系，并将它们与设计过程联系起来。

2.3 体验设计目标拓展设计机会空间

体验设计旨在设计过程中优先考虑体验设计目标。Hartson与Pyla将“目标导向”（goal-directed）列为用户体验设计实践的首要指导原则。值得注意的是，在概念开发中，设计师应该专注于预期的体验及其在设计概念中一致性的体现。然而，体验难以捉摸及其复杂的本质使得在设计实践中保持体验设计目标的一致性成为挑战。用户体验需求的遗漏或糟糕的表达形式限制了项目的成功。因此，需要明确体验设计目标表达的形式与交流的方式，以促进设计结果中体验设计目标的实现。为阐明此观点，本节将介绍体验设计目标作为追踪设计实践的标记。

2.3.1 体验设计目标

体验设计的第一个挑战与关键前提是阐明为什么样的体验进行设计。预期的体验是设计的主要设计目标。用户体验设计目标是由Forlizzi和Ford首次提出的，设计师需要揭开如何为用户体验而设计，以及设计的产品如何实现特定的用户体验设计目标的神秘面纱。Karvonen等人认为，用户体验设计目标描述了产品设计应该瞄准的体验品质，应该在设计的早期阶段精心定义用户体验设计目标及其相关的设计含义，然后在不同阶段指导产品开发，并与每个设计解决方案建立可追溯的内在联系。Hartson与Pyla将用户体验设计目标定义为交互设计的高级目标，这些目标被表示为在使用中所体验到的预期效果。为了方便用户体验评估，他们从可用性规格表得到启发，开发了用户体验设计目标表。此表格为每个用户体验设计目标指定了用户体验度量、测量工具和度量标准。尽管他们将黏性和吸引力作为用户体验设计目标，但他们列出的大多数用户体验设计目标似乎都是面向可用性的，例如易用性、专家的能力表现和新用户的易学性。

Preece等人区分了用户体验设计目标和可用性目标，用户体验设计目标与较客观的可用性目标不同的是，它关注的是从用户的角度来体验交互产品，而不是从系统本身的角度来评估系统的有用程度或生产力。可用性目标至少可以从以下三个方面得到：有效、效率和满意度。这些目标指导设计师为相应的功能定义精确的用户需求。相比之下，用户体验设计目标是主观的，它关注的是用户对系统的整体感觉。

一方面，用户体验设计目标几乎没有普遍适用的框架作为设定依据。另一方面，仅仅依赖单一的用户体验框架也有一定风险，因为任何框架都包含了它的理论支持，这可能会限制体验设计的多样性。为了支持用户体验的多学科特性，Kaasinen等人提出了五种不同的方法来获取用户体验设计目标的见解和灵感：公司或品牌形象，对人类的科学理解，对用户世界的同理心，新技术的可能和挑战，产品存在的原因与愿景更新。设计师和研究人员可以结合用户体验目标设定的多种方法，容纳不同利益相关者的多种观点，并将这些观点融入设计实践中的用户体验设计目标设置和转化中，以此强调用户体验是一个战略性的设计决策。根据两个用户体验设计目标研讨会的结果，在定义体验设计目标时，最常用的洞察力和灵感来源是对用户世界的共情理解。此外，Varsaluoma等人提出体验设计目标诱导过程的模型，以澄清体验设计的模糊前端，以及对定义与评估体验设计目标作出说明。

体验的开放定义和多方面属性使体验成为一种可能性驱动的设计方法目标。为了达到体验设计的最大程度的开放性，本书主张通过质疑体验的“为什么”来扩展现有环境下的用户-产品交互的设计空间范围。意义深远的“为什么”应该在设计过程中指导子目标的设定和使用。例如，在设计与咖啡相关的体验时，设计师不应该立即从可用性、便利性和有效性方面确定一个人与咖啡机之间的交互。相反，他们需要思考人们喝咖啡的原因，为什么人们需要在工作前喝一杯提神的饮料，或者为什么人们需要和家人一起放松。它们是两个截然不同的原因，因此产生了两种不同的体验。如果针对后者，那么设计的体验就是家庭咖啡时间的共同体验，可以通过一起手工煮咖啡来突出这一点。因此，一起煮咖啡的设计结果可能完全不同于在繁忙的早晨自动煮咖啡的设计。从体验的“原因”开始，设计师就无法预先定义设计对象和内容，也无法发布预先设想的用户和产品概念。高层次的“为什么”将最初的设计重点从单一用户-产品的交互转移到对整个产品-服务系统中的多个利益相关者的系统性考虑。因此，聚焦体验的设计不仅包括主产品的终端用户体验，也包括服务接触点的客户体验和品牌的整体体验，这也体现了体验设计的开放性。

本书将体验设计目标定义为人与设计的产品或服务之间的短暂情感或有意义的关系。它不仅从享乐主义的角度，指在操作和行动层面上的短暂“体验”，而且从至善主义的角度，强调长期体验的深层意义。传统上，广泛的用户体验方法的设计目标是消除负面的体验（例如可用性、安全性、可靠性），而体验设计目标是专注于创建特定积极体验可能性的设计。

体验设计目标将预期的体验转为明确化和形式化的设计目标。体验设计目标揭示了设计的两个方面：理性所对应的设计方法的严谨性，创造性所对应的设计输出的开放性。“目标”意味着以一种直接的方法去“完成事情”，而“体验”强调的是设计结果的可能性。体验设计目标的功能是明确体验品质方面的设计沟通与表达。在设计中使用体验设计目标顺从内部设计推理逻辑。一方面，体验设计目标充当查询、解释和评估的依据，适应半结构化方法来体验实施。另一方面，体验设计目标特别关注体验，这是一个开放的概念，因此体验设计目标激发了批判性思维。

作为设计的起点和概念工具，体验设计目标的本质与Lindholm与Keinonen所定义的“愿景驱动用户界面设计”很接近。设计驱动力可以定义为：在概念创作中具有非常高的优先级的设计目标；以一种突出其独特属性的方式刻画概念；本质上是综合性的，影响设计的几个方面；可以是一个简单、清晰的句子或短语。

类似的，体验设计目标也是一个关键的、明确的新机会目标，并有助于避免对需求的过度分析。Wikberg与Keinonen建议，拥有少量的设计驱动力可以防止稀释和模糊概念。然而，体验设计目标比设计驱动力更能推动具体概念的发展，这可以从以下两个例子中看出。Lindholm与Keinonen以“单手使用”作为手机用户界面设计中的一个设计驱动，这样的设计驱动达到了一定的具象性，可以直接影响对手机形式、按键布局等的决策。相反，Kaasinen等人为基于手势的互动提供“使用系统就像魔法一样”的体验设计目标。尽管这两个目标来源于两个完全不同的设计环境，但很容易看出“单手使用”可以是“使用系统感觉像魔法”的子目标。理想情况下，与设计驱动因素相比，体验设计目标倾向于更高层次的愿景，因为丰富的体验属性带来了更多的探索空间，而设计驱动因素似乎固定了产品的核心设计特征。

体验设计目标与商业计划中的价值主张也有相似之处。Webster将价值主张定义为：将公司的独特能力与一组精心定义的潜在客户需求和偏好相匹配的字句声明。它是一种沟通工具，将组织中的人与客户联系起来，将员工的努力和客户的期望集中在公司提供卓越价值的系统中做得最好的事情上。价值主张创造了一种共同的理解，需要形成长期的关系，以满足公司和客户的目标。

与价值主张一样，一套体验设计目标作为设计师和其他利益相关者之间的沟通工具，旨在为公司和客户带来长期利益。具体来说，Sheth等人将情感价值定义为从他人唤起感觉或情感状态的能力中获得的感知效用。Rintamäki等人将象征价值定义为积极的消费意义是依附于自己和/或传达给他人。体验设计目标显然接近于情感和象征性的价值主张，即通过情感和身份来实现客户参与。然而，体验设计目标更频繁地在特定的产品设计过程中运作，而价值主张则在战略业务规划中承担。此外，体验设计目标与价值主张的区别主要在于其将成本效益的考虑置后。

体验设计目标也很容易与用户需求相关联，这是传统以人为中心设计目标的一种。用户需求包括：预期的使用环境；由现有知识、标准和准则产生的要求；可用性目标；对组织的需求。体验设计目标则是更高的设计愿景和生成设计工具，以支持设计师创意的主动输入。相反，用户需求往往来自客观信息，并作为设计约束性条件。

体验设计目标与其他设计起点的不同之处在于，将预期的享乐和至善幸福体验具体化为高级设计目标。体验设计目标既体现了对任何形式的开放性，以实现有针对性的体验，也包含了目标设定的直接性，并在设计结果中试图实现体验设计目标。设置体验设计目标的主要目的是从面向可用性的设计转化到面向积极用户体验的设计，以及从问题驱动的设计转化到可能性驱动的设计。一些研究人员开发了聚焦体验设计的工具，通过提供理论驱动的资源来支持目标设定。例如，需求卡片、情感卡片、幸福决定因素卡片和体验卡片等（表2.3）。这些聚焦体验设计的工具在很大程度上依赖于心理学理论，并在相关理论模型的帮助下驱动构思过程。

表2.3 体验设计工具

体验设计工具	体验设计目标来源	理论出处
需求卡片	对体验进行分类的7种心理需求	10种候选心理需求
情感卡片	25种不同的积极情绪	积极设计框架
幸福决定因素卡片	提高幸福的6个因素	积极计算框架
体验卡片	工作情境中17种积极体验	体验分类方法
趣味体验卡片	22种趣味体验	趣味体验框架

2.3.2 工作体验

工作似乎一直是人类生活的重要组成部分，尽管它的性质随着历史、技术和经济环境的变化而不断演变。Haworth与Lewis提供了一个关于什么是工作的简要文献概述。心理学、社会学与政治学的研究为工作提供了不同的框架或定义，然而，工作通常被理解为有偿就业，它对人体机能很重要。本书遵循Haworth与Lewis对工作的理解，将工作的概念构建为谋生和获得满足的专业手段。

一般来说，绝大多数成年人醒着的大部分时间都在工作。作为回报，工作为他们提供了丰富而有意义的体验。工作能带来成就感，这可归结于两个方面：一是对环境的主要生物驱动力，二是来自社会文化的力量，即从成就中获得的愉悦感。根据早期关于工作的心理学方面的观点，工作被视为人类与现实的主要联系之一。Jahoda提出了与现实联系的几个维度，例如，强烈的时间感、客观和主观知识的体验、对能力提升的满意与愉悦，以及自我调节的平衡。

在工作中最常被研究的情感品质的概念是工作满意度。根据最常被引用的定义，工作满意度是一个人对工作或工作经历的评价所产生的愉悦或积极的情绪状态。另一些人把它定义为一种态度，表明一个人喜欢或不喜欢其工作的程度。工作满意度最具影响力的理论之一是工作特征模型。它包括五个核心工作维度：技能多样性、任务认同、任务重要性、任务自主性和任务反馈。这些工作维度反过来会导致三种心理状态：工作的意义感、对结果的责任感和对结果的认识。

Herzberg发现了引起满意度的因素即“激励因素”（成就、对成就的认可、责任和工作本身）与往往导致不满的因素即“卫生因素”[公司政策和行政、监督（技术）、薪酬、人际关系（监督）和工作条件] 是不同的。此外，Herzberg认为从工作中消除卫生因素可以防止不满产生，但很难带来满足感；工作满意度来源于激励因素，如增加工作的丰富度、挑战性和个人奖励等。Sandelands与Buckner调查了文献中与审美体验相关的其他感受，如内在满足、心流以及高峰体验。

Sandelands与Boudens注意到，当人们谈到自己对工作的感受时，很少提及工作任务或奖励中所蕴含的感受，如工作情感和情绪；相反，他们主要谈论他们在群体生活中的经历，例如与他人的关系。Sandelands与Boudens呼吁关注工作中感觉的社会维度，这与关于未来工作设计中建议考虑工作的社会特征是一致的。

在工作组织中，社会互动比以前更加普遍和突出。Oldham与Hackman指出的工作的社会属性重新引起了研究人员的注意。例如，与他人打交道，代理商的反馈，必要的互动，以及互动的机会。新的社会维度，例如组织外的互动、社会支持和相互依赖，应该有助于员工的动机和幸福感。据此，Humphrey等人认为四个社会特征（相互依赖、来自他人的反馈、社会支持和组织外的互动）将有助于主观绩效评估、离职意向和满意度。

根据Wrzesniewski的观点，传统的工作体验研究遵循从管理者的角度自上而下的方法，这限制了员工在工作中积极创造任务和创建社会关系的潜力。为了缓解这个问题，Wrzesniewski提出了一个相对较新的概念——工作塑造，其中员工可以根据个人有意义的方式重新构建工作设计。它让员工在工作中培养一种积极的意义感和认同感。工作塑造将工作的意义转变为员工工作体验的核心。

2.3.3 重工业情境中的体验设计

对用户体验的理解从可用性到体验品质的转变，似乎将研究领域从工作转向休闲，从专业任务转向消费品与艺术品。与休闲产品相比，工作领域的体验设计还处于一个不成熟的阶段。Tuch等人通过对比用户在工作和休闲中对体验的描述，来填补工作领域中用户体验研究的空缺。他们分析了近600名用户的技术体验，并成功测试了Hassenzahl等人的需求导向用户体验模型，用于体验类型（消极与积极）和活动领域

（工作与休闲）。他们的研究表明，高水平的需求如胜任工作、受欢迎程度和安全感的满足与工作积极体验相关，而另一些高水平的需求如愉悦、刺激和关系的满足则与积极的休闲体验相关。

体验价值得到了重工业领先企业的认可，例如KONE、Rolls-Royce和Valmet Automation。一个主要原因可能是，直接与作业工具交互的最终用户通常不是做出购买决策的客户。客户更关心“待完成的工作”，这与可衡量的绩效标准、系统的生产力和成本效率有关，而不是客户公司的员工体验。通过传统销售渠道可靠地从客户的角度传达终端用户体验的价值是一项挑战。然而，这一挑战并没有阻止研究人员和行业从业者将体验设计视为公司创新和市场差异化的机会。

关于工作领域的体验设计研究较少。Harbich与Hassenzahl根据动机与期望的行为结果关系，制定了工作环境的用户体验4E模型：作业工具不仅应该促进任务的完成（execute，执行），而且还应该支持任务的修改（evolve，发展）、新任务的创建（expand，扩展）和任务执行中的持久性（engage，参与）。该模型的目标不仅是愉快的工作体验，还包括人们期望的认真对待人类能力的行为。近期，他们在工作领域的纵向实地研究证实，用户体验一直在变化，而产品属性影响着变化。尤其是他们的发现表明，趣味性在某种意义上影响了参与行为，更爱玩的参与者会更快地失去兴趣。

Burmester等人认为体验设计和积极设计是一种适合苛刻工作环境且可以替代经典的人机工程思维的方法。他们提出了一种包括下列活动的设计方法：了解工作背景，访谈并收集现有的工作积极体验，基于体验设计和积极设计方法的积极体验设计，体验概念原型化，以体验为重点来评估概念。所展示的设计概念表明，即使在要求很高的工作环境中，这些设计方法依然可以支持心理需求的满足并兼顾可用性。

Karvonen、Koskinen与Haggrén提出一个基于工作环境和用户工作活动数据的分析结果来设置用户体验设计目标的系统过程，包括利用适当的理论基础，熟悉所涉及的领域环境和工作活动，开展实地调研并收集专家用户的操作体验，分析工作领域和用户的相关数据，并识别最终的用户体验设计目标。此外，在不同的开发阶段，他们用特定的情境和高层次的设计内涵处理用户体验设计目标，即用半功能原型进行用户评估可以验证目标用户体验是否已经在实现的解决方案中实现。Alkali Mannonen提出一项关于定义纸张质量控制系统的用户体验设计目标研究，并指出工作内容、组织文化甚至商业模式，可能会影响产品或服务的有意义的用户体验设计目标。Kymäläinen等人利用用户体验设计目标，以体验驱动的科幻小说原型，评估未来加工厂的自动化工作。关于工业行业的激进概念设计，Wahlström等人强调了专业工作活动研究的重要性，并提出了一种以用户为导向的方法，包括对特定领域的工作活动、用户体验设计目标设定以及工作领域和技术趋势预测的分析。他们认为创造激进设计理念的一种方法是专注于用户体验，更准确地说是重新规划，将用户体验设计目标分成主题、故事或角色。

2.4

案例对比分析

2.4.1 工作体验设计案例

通过三项为期两个月的体验设计项目，我们探索了积极体验作为设计目标如何增大设计机会空间。三项设计项目分别由三家重工业企业提议，由作者辅导。每个项目由三名学生组成一个设计团队一起工作，遵循一个共同的设计过程：设计导向探索、体验设计目标的设定和确认、概念生成与评估以及最终概念展示。公司人员作为信息提供者和设计评论者全程参与设计过程。

本节从五个方面对每个案例进行描述：设计导向、体验设计目标、改良设计、激进设计和案例总结。设计导向部分涵盖每个公司的发展目标、设计背景和问题识别。体验设计目标部分简要介绍定义目标的方式及其在特定情况下的意义。在两种情况下，一个高级体验设计目标可以有两个子目标进行具体的解释和指导。在每种情况下，改良设计和激进设计都需要体验的洞察，共享相同的体验设计目标。改良设计专注于问题解决和务实改进，可用于公司在短时间内实施。相比之下，激进设计不是建立在现有的解决方案上，而是从一个公司传达给客户的深层含义开始并发展出各种可能性。

案例1 Rolls-Royce公司办公区域设计

(1) 设计导向

Rolls-Royce公司是一家国际公司，分公司遍布全球。该项目的出发点是重新设计用于内部通信频道的图形用户界面。目前，该频道用于内部信息发布，在办公室周围的电视屏幕上展示，如接待处、咖啡区和在空旷的办公室里。系统的目标受众是公司的员工、客户和客人。主要问题是用户界面缺乏吸引力内容和视觉设计，让人没有兴趣关注显示信息的屏幕。

(2) 体验设计目标

通过对目标受众的多次采访、对信息渠道的实地调研和问卷调查，设计团队确定了员工和访客需求及其与公司需求之间的关系。关联性是一种基本的心理需求，即被描述为感觉有定期的亲密接触并和关心自己的人在一起，而不是感到孤独且无人照顾。在信息渠道的使用情境中，引发员工和访客之间的亲和力是信息渠道存在的根本原因之一，所以设计团队选择亲和力作为设计的最终目标。联想信息渠道的明确属性，设计团队将亲和力解读为通过沟通和联结产生的投入感。投入感被定义为体验设计目标。这不仅可以更好地激发同事之间的友情，也让他们对公司有更大的归属感。此外，顺畅的沟通和良好的联结被视为体验设计的两个子目标。前者强调信息传播的感官品质，后者强调人们在工作情境中的交互品质。

(3) 改良设计

受限于当前软件的兼容性，改良设计侧重于信息渠道的内容、可用性和图形用户界面的美感设计。用户所期望的信息新类别取代原有不必要且无趣的信息归纳方式，以改善观众和信息系统之间的联结度。为了提高信息传达体验，信息图标被添加到主页面的时间轴上，以告知用户浏览不同界面所需的时间。从美学角度，背景图片、排版和模板的布局是依据公司品牌形象的视觉再设计，提供目标受众想观看的内容，并以一种轻松且吸引人的方式呈现，满足用户对界面亲和感的需求（图2.10）。

图2.10 Rolls-Royce办公区域信息系统界面再设计

(4) 激进设计

激进设计是将所有信息渠道归结为主系统，允许世界各地的分公司进行跨部门信息共享。这不仅增加了整个公司组织的连通性，而且使员工能够了解公司在全球范围内的相关信息，让员工在不同规模的公司产生归属感。从组织角度，层次结构系统框架设计旨在信息可以通过该主系统获得且传播。

为了保持较高的用户投入度，一些个性化信息可以专门传递给个人。在激进设计中，每位用户配有与大屏幕相连的智能ID徽章，因此，系统能够识别用户并提供个性化信息。例如，系统可以提醒员工关于他们到达工厂时的安全事项。对于办公室人员，系统可以检查他们的日程安排并给予提前通知。在茶歇期间，系统可以为员工提供游戏环节，让他们能够随着时间的推移更好地了解彼此。下班后，系统可以显示个性化的交通信息。对于访客而言，配有定制信息的智能ID徽章会在他们到达时由接待员提供。系统可以通过徽章识别用户并提供信息，例如为访客指引会面地点。这些场景可以使个人和智能系统之间的交互更加以人为本（图2.11）。

图2.11 Rolls-Royce办公区域信息系统创新设计

(5) 案例总结

Rolls-Royce公司办公区域的体验设计目标的亲和力来源于人类基本心理需求。改良设计理念旨在通过视觉传达设计和内容重构改善内部沟通系统的用户界面，试图从可用性和美学上达到设计目标。激进设计概念忽略了当前的用户界面，回到系统存在的本源意义。然后，亲和力被转换融入新的设计功能，例如提供全球化的公司信息，成为个人助理与游戏玩伴。同时，用户与系统之间的关系发生了转变，从信息的被动接受者转变为主动信息的寻求者。

案例2 Fastems公司品牌提升设计

(1) 设计导向

Fastems公司专门生产与整合工厂自动化系统。尽管Fastems公司的产品具有良好的安全性和品质，但公司发现缺少产品识别度会妨碍产品在市场上脱颖而出。在这种情况下，通常做购买决策的客户被确定为目标用户群。

(2) 体验设计目标

设计团队想象客户的世界以及他们的情绪和感受，然后与Fastems公司的人一起构建较为真实的客户故事。该故事描述了Fastems公司如何与一位客户建立起多年可信赖的关系。三个客户体验设计目标：WOW（惊叹）、自豪、信任，是通过与Fastems公司共同构建客户故事的迭代过程来确定的。

目标涉及不同时间跨度的客户旅程体验：即刻体验、情节体验和累积体验。“WOW”被定义为即刻体验设计目标，是指客户偶遇以某种特定方式使人印象深刻的事物。“WOW”可以是一时的，也可以是经久不衰的。创造不同的惊喜时刻有助于炫酷的设计概念产生。

第二个体验设计目标是自豪感，具有情节性质，可以在不同的时间段重复出现。例如，客户向外界展示自己使用的设备，并为自己作出购买Fastems公司机器的正确决定而自豪。

第三个体验设计目标是累积型体验信任，主要来源于当前Fastems公司的品牌形象。该品牌形象表达了Fastems公司自动化系统可以提供持久耐用的产品。信任是可以传递品牌形象的体验设计目标，可以在最初的沟通接触点中触发（例如网站或宣传册），并通过运行良好的机器和创新服务在现实中实现。

(3) 改良设计

在改良设计理念中，有针对性的体验主要从视觉美感的角度传达产品特点。主要设计输出是品牌设计风格指南，定义设计元素，例如标志展示、颜色方案、产品美学特征、功能创新等。换言之，产品和服务接触点可以根据目标体验设计外观细节。例如，现代而独特的自动化机器外观，具有简约感和高科技感，可以让顾客产生惊叹（WOW）。当客户向参观者介绍Fastems公司产品时，客户会感到自豪，因为拥有先进的设备。信任可见于产品功能，例如，利用更大的窗户增加内部零件的透明度，采用指示灯显示工作过程状态等（图2.12）。

图2.12 Fastems自动化系统外观设计

(4) 激进设计

激进设计是推出移动应用程序。当客户购买Fastems公司产品时，他们与Fastems公司建立了整体联系，即贯穿多年客户体验的纽带，支持双方的信任。通过该应用程序，客户可以随时随地通过手机控制工厂（图2.13）。它可以不断并自动更新机器状态，为客户提供培训材料。此外，它提供一种简单的本地化呼叫Fastems的方式，呼叫可以被重新定向到国家和服务特定的呼叫中心。对客户而言，手机App让他们感到工厂就像在口袋里那样触手可及，可以触发“WOW”的效果。当用手机App展示自动化系统给别人时，客户会因为这种独特方式而感到自豪。此外，App所触发的控制感、个人与工作系统的联结可以提升客户对Fastems公司的信任。

图2.13　Fastems自动化系统移动应用设计

（5）案例总结

Fastems公司的这三个体验设计目标WOW、自豪与信任主要来源于对客户和品牌形象的共情理解。改良设计的输出是统一的产品美学、功能特征与体验设计目标的设计风格指南。这些属性是产品外观的固有特征，易于识别。然而，在激进设计中，体验设计目标渗透到新的具有交互性并有利于客户的服务功能。通过手机App，公司可以与客户通过现代日常方式建立直接亲密的长期关系并提供服务。手机App没有引入新技术，但它引入了一个朝向个人信息源且改变工厂自动化系统的新服务，有助于一个员工在工作中作出正确决定，从而增强工作自豪感。

案例3　Ruukki公司新建筑材料推广设计

（1）设计导向

Ruukki公司推出了一种更可持续但也更昂贵的新建筑材料，并希望增加该材料在建筑业的使用量。主要的挑战是这个行业有很多限制和规定，建筑材料和新材料的使用涉及巨大的风险和学习投资。建筑业的专业人士往往持怀疑态度，而关于新材料和新特性的传闻并不总是符合实际。因此，鼓励该行业的专业人士考虑新材料并消除误解对Ruukki公司而言非常重要。

多个利益相关者（例如建筑师、建筑工程师、承包商）通常参与建筑项目。在这个项目中，建筑工程师被确定为主要目标用户群，因为他们对正确且持久的建筑设计负有责任，往往对材料选择作出最终决定。

（2）体验设计目标

Ruukki案例的体验设计目标是“鼓舞”与“信任”，起初是从三种识别方法中提炼出来：技术机会、人类心理学知识和品牌。经过工厂参观、客户总部访问和专家访谈，设计团队进一步定义了体验设计目标。根据人类心理需求，将“鼓舞”定义为对新材料应用的一种动力和好奇心，下设两个体验设计子目标——灵感与欣赏。“灵感”强调改变建筑工程师保守的心态以及创造一个成为建筑领域先锋的愿望；第二个子目标“欣赏”意味着建筑工程师可以感觉到与项目联结并获得认可。

第二个体验设计目标“信任”强调建筑工程师可以相信Ruukki公司提供的新材料，认为该信息可靠并值得信赖。责任感是信任的子目标，强调公司的可靠性和工程师的重要性。

(3) 改良设计

重点解决沟通不畅、对新建筑材料有负面印象等问题。改良设计针对短期成就，旨在通过新颖、兴奋和令人难忘的方式向建筑工程师传递清晰与诚实的施工材料信息。最终的设计思路是赠送给建筑工程师装在特殊礼品包装内的U盘（图2.14）。包装外面的材质是传统纸板，唤起诚实、温暖与信任的视觉与触觉，与建筑工程师通常接收的电子邮件不同，它可以引发一种期待感。包装上的封条邀请人们打开礼盒。包装盒内侧是亚光黑色的，营造出一种惊讶、好奇和高贵感。在盒子的中央，一个简单的U盘框架结构由新型建筑材料制成，并保留材料原有颜色。U盘造型能突出该独特材料的特性，例如它的光亮度。U盘中的内容以一种诚实和值得信赖的界面形式呈现各种信息，可以提升观众的投入感与兴奋度。

图2.14 Ruukki公司U盘礼盒

(4) 激进设计

激进设计着眼于建筑业和Ruukki公司的长期发展，而不是解决碎片化问题，旨在改变保守的心态，并培养具有创新精神和积极性的未来建筑人才。这不仅有利于Ruukki公司，也有利于整个建筑行业。激进设计面向未来，将许多不同的场景联系在一起，包括八个方面：教育、合作、竞赛、奖励、研究、研讨会、网络和识别。例如，为儿童设计Ruukki公司品牌的玩具和游戏，可以帮助他们发展创造力和建立信心，播下成为建筑工程师的梦想的种子。这可以培养建筑工程师与Ruukki公司之间长期可信赖的关系。针对大学生，Ruukki公司可以组织工作坊和竞赛，帮助他们获得实践经验并与业务专家建立关系网络。作为回报，Ruukki公司可以从学生的新鲜想法中获得灵感。对于成功的行业工作者，Ruukki公司可以授予他们米其林工程认证，并邀请他们在公司研讨会上发表演讲。这改变了整个公司在人们心中的意义，因为那些采取行动的人可以感受到来自Ruukki公司和整个行业的赞赏。

（5）案例总结

在Ruukki公司的项目中，体验设计目标“鼓舞”与“信任”主要来源于技术、心理学和商业。改良设计带来了一种新的产品信息传递方式。体验设计目标可以通过与U盘礼物的包装互动来实现。在激进设计中，这些体验设计目标引导人才培养活动设计等，而不是发送宣传材料。激进设计旨在培养年轻人对这个行业的兴趣和好奇心，以及他们对新材料和新想法的开放态度。通过这种方式，公司可以促进与潜在的利益相关者的互动。

2.4.2 从设计起点到体验设计目标

在这三个案例中，设计任务从体验意义的角度被重新审视，并作为体验设计目标设定的参考点。每项设计任务都是有针对性地从每个公司的动机出发，每个设计任务起点根据不同的具体情况。设计任务起点与该公司的关注点密切相关。三个案例的设计任务起点可归纳如下。

Rolls-Royce：旧的内部信息渠道显示界面很无趣。

Fastems：好的产品品质不足以在市场中脱颖而出。

Ruukki：传统的营销材料分发很难为新型建筑材料推广服务。

与其立即识别问题并基于起点求解，不如退后一步重新审视体验设计的起点。这些起点可以作为了解公司的潜在问题和设计机会探索的参考点。换言之，公司可以提供有价值的背景信息或启发体验设计目标的设定。根据Kaasinen等人的研究，这三个案例的体验设计目标主要有两个来源。一种来源是公司或品牌形象，即与公司高层的关切点有关。例如，“信任”是从Rolls-Royce品牌形象中提炼出来的体验设计目标。另一种来源是对人类的科学认识。例如，Rolls-Royce案例中的体验设计目标“亲和力”与Ruukki案例中的体验设计目标“鼓舞”。一方面，体验设计目标可以设定为公司愿景的一个方面。另一方面，它们也可以依据人类的基本需求来定义，例如Fastems案例中对用户的同理心理解。此外，体验设计目标也可以从其他方面来设定。通过体验设计目标的确立和转译进入特定的设计环境，新的设计任务可分为以下三种情况。

Rolls-Royce：通过内部数字系统的交互设计，增强目标用户的联结与交流，提升系统亲和力。

Fastems：通过产品服务系统唤起具有公司品牌识别度的客户体验，包括“WOW、自豪和信任”。

Ruukki：通过新的方式在建筑行业中重新思考，使得建筑工程师更加雄心勃勃和具有创意。

将公司视为某些体验的提供者，目标受众作为体验的接收者。设计师在设定体验设计目标时应考虑双方的相关利益。体验设计目标是新设计纲要的核心，其中目标明确时可以达到公司的预期目的，用户可以获得针对性的体验。确立得当的体验设计目标是一个重要的不断与公司进行验证的迭代过程，这可以帮助设计团队挖掘出这些目标具体和明确的含义。成功设定体验设计目标意味着设计概念的顶层愿景与深层意义。

2.4.3 体验设计目标作为设计机会空间扩展的驱动力

在本书的案例中，改良设计概念是一种基于短期的实用解决方案；而激进设计概念跳出现有的限制，解决长期的目标。体验设计目标是改良设计与激进设计的驱动并拓展设计机会空间。如果我们比较改良设计与激进设计，在激进设计中，体验设计目标明显提升了创造力。图2.15说明了设计机会空间扩展的三个层面分别是：交互概念、新服务和策略的引入。在每个案例中，现有设计、改良设计、激进设计与任务本身的性质有关。

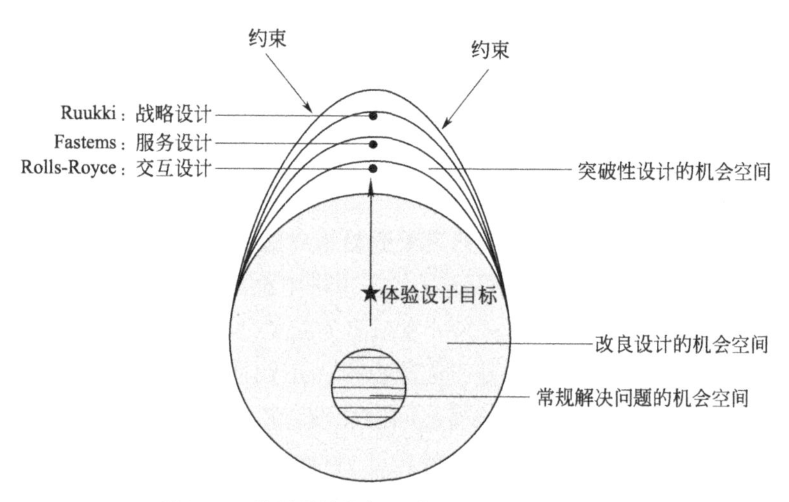

图2.15　体验设计目标驱动设计机会空间的扩张

在Ruukki的案例中，体验设计目标确定为“鼓舞”，为设计团队带来了一个新的设计问题：如何激励建筑工程师。这似乎与被动输入信息的现有解决方案无关，例如通过电子邮件或纸质材料的新技术进行推广。对于激进设计而言，设计实践起初并无具体的设计对象，只有一组明确的体验设计目标。另一方面，这种新挑战为新思路探索留下了不同的时间尺度。改良设计概念针对打开U盘礼包的体验，通过建筑工程师与礼盒的互动来使建筑工程师熟悉新技术。激进设计概念向建筑工程师灌输新想法，所以他们不仅提高自己的技能和自我价值，同时也贡献于整个行业和未来的建设。面向同样的体验设计目标，激进设计集中在青年创新人才培养战略的建筑行业创新活动，这超越了设计具体事物的传统思维方式。可见，在体验设计目标的驱动下，概念从传统的营销材料扩展到礼物的互动设计，最后是人才培养战略设计。

2.5 小结

有意义的体验可以作为优先考虑的设计目标，以实现可能性驱动的设计过程。特别是Hassenzahl的三级目标层次结构框架和积极设计框架都专注于深层含义的体验设计目标的确立，以挖掘突破性的设计机会。虽然现有大量研究聚焦体验，但关于体验设计的原则和指导的设计学文献却很少。为了帮助设计师在设计过程中保证体验设计目标的确立及其转化的一致性，本书提出了体验设计目标设定和体验设计目标实现作为体验设计的概念化设计框架。

工作领域现有的体验设计与积极工作目的有很强的关联。这个目的可能导致体验设计目标的确立集中于任务表现相关的体验，例如控制感、存在感。毋庸置疑，这些体验设计目标可能带来作业工具交互的新特性，优化工作体验，并支持能力提升，特别是创造新技术驱动的体验。然而，人类的工作幸福感远远不止于对良好表现的满足。除了员工与工具的互动，工作中的幸福体验还包括享受整个工作环境、与同事的高质量关系以及对工作团体的忠诚。在企业对企业的环境中，员工既是一个组织的服务提供者，又是另一个组织的服务接受者，这表明员工体验和客户体验是同一枚硬币的两面。为了帮助设计师进一步明确工作中的积极体验，本书提出与人类心盛相关的工作深刻意义，以支持工作积极体验设计的目标确立和概念转译。

在本章中，我们介绍了体验设计目标及其如何帮助实现新的设计含义。我们在设计案例实践中发现，体验设计目标可以将设计机会空间从常规设计扩展到改良设计和激进设计。不同于现有的消费者体验设计目标来自密集的用户研究，我们更多地从公司潜在的关切点和基本的用户心理需求入手。

从我们的实践案例可以看出，对设计情境的初步探索仍然是必要的，这有利于理解目标用户有意义的体验，也有利于考虑其他利益相关者的情况，而不是只考虑目标用户。从产品改进拓宽到全方位的服务接触点的体验创新有助于公司的成功，同时，我们也意识到这是一种更广泛地扩大设计机会空间的思维方式。

体验设计目标意味着公司的高层次需求可以通过唤起目标用户的体验来满足。将焦点从现有解决方案上移开，设计师可以探索新体验的设计可能性。体验的本质扩展了设计的范围，因为这些概念可以从传统的工业设计扩大到不同的领域，从交互设计扩展到服务设计，甚至到战略设计。同一套体验设计目标可以指导改良设计和激进设计，特别是将范围从一种产品扩展到另一种可能的产品服务系统接触点。然而，设计的创造力受到限制和约束，例如，某些既定条件可能会约束设计师的想象空间，这可能会限制设计机会。根据Norman与Verganti的研究，激进设计应该摆脱现有设计的弱点以避免跌入解决已有问题的陷阱。这也适用于体验设计目标的定义，因为“避免挫折”作为体验设计目标将不太可能引进激进设计，尽管它可能很容易成为用户所谓的需要。

3

工作体验设计的目标构建

3.1

工作体验设计目标构建案例

3.1.1 案例：KONE电梯遥控交互设计

在办公大楼等复杂环境中，移动具有复杂性与耗时性。复杂性体现在每个街区可以由多个建筑实体组成，而这些建筑实体空间可能包含多部电梯。电梯进一步可以分为多个部分，将工作人员运送到办公大楼的不同楼层。每个建筑实体通常包含几个访问控制点，因此工作人员在一天中经常需要切换多个访问控制点与使用多部电梯才能到达目的地。这项研究中，设计研究团队旨在通过开发用于电梯控制的移动应用程序来解决其中的一些挑战。

（1）设计过程

设计研究团队首先在前期调研的基础上分析了电梯用户面临的当前系统存在的一些挑战，如工作人员可能不知道电梯在建筑物中是如何工作的（哪部电梯去哪里），工作人员事先不知道电梯是否有可用空间，工作人员可能不知道到达目的地的最佳方式。这些挑战可以通过移动电梯控制得到改进。

设计研究团队的移动应用程序的工作体验设计目标是根据这些挑战确定的。设计研究团队使用了敏捷开发过程，迭代设计和开发了一个原型应用程序，使用户能够远程呼叫办公楼内的实体电梯。移动应用程序与建筑实体中的电梯调度系统进行无线通信。在原型迭代过程中，电梯行业专业人士的反馈不断为设计和开发过程提供信息，并提供了在真实使用环境中评估原型应用程序的机会，可以在Turunen等人的研究中找到有关该应用程序的更多信息。

对于第一个原型应用程序，设计研究团队组织了4名参与者进行最初的体验评估和随后的长期评估。针对第二个原型应用程序，29名参与者进行了长期评估，其中12人接受了详细采访，并分享他们的使用体验。

（2）工作体验设计目标

工作体验设计目标通过“人的流动”的视角，解决当前电梯系统中已存在的挑战。这源于公司的品牌承诺：在大型建筑实体中快速移动；对电梯的移动具有控制感；减少等待的感觉；可远程操作电梯。

加快移动有助于提升从入口到目的地的整个室内旅程的积极体验。等待的时间往往会切断移动流，因此，一个特定的工作体验设计目标是积极地影响等待的感觉。控制感，即用户可以对电梯移动产生影响，对于辅助控制是重要的体验。远程操作进一步扩展了控制的感觉，并促进了更加个性化的体验。用户研究的结果表明，电梯日常移动模式的个性化调度可以增加电梯系统的价值。

综上，案例中设定用户的工作体验设计目标时所运用的方法有：体验设计目标“在大型建筑实体中快速移动”源于KONE品牌口号“人的流动”，体验设计目标“减少等待的感觉”源于对复杂环境中用户挑战的理解，体验设计目标“对电梯的移动具有控制感”源于移动应用新技术，体验设计目标“可远程操作电梯”源于新的使用愿景。

3.1.2 案例：Fastems金属车间手势交互设计

在工厂自动化系统中，加工托盘专门由装载站装载与卸载。为使操作员尽可能地接近控件，负载可以转移、降低、旋转或倾斜。考虑到工作中的安全隐患，操作员的传统处理方式是通过远离托盘放置的按钮或开关来控制装载站的移动。在拥挤的车间条件下，控件操作需要不断地将负载从托盘移动到控件并返回，因此控件难以触及。

本案例旨在通过全新的基于手势的交互概念来应对上述挑战。设计的重点是提供一个自然的用于控制装载站的交互概念，并考虑如何在手势集合设计中兼顾手势的自然性与手势检测的稳健性。

（1）设计过程

敏捷开发被应用于设计过程中。该设计过程首先针对金属车间领域的检查，包括使用环境、当前交互方法和工作流程，然后是迭代开发周期。Fastems公司的领域专家是信息提供者，帮助设计师理解用户需求。在实验室研究中分析了一组初步手势，以表明执行手势与用户的工作情感体验相关。这种理解后来被用于实地研究。

设计研究团队举办了一次设计研讨会，研讨结果为原型中使用的强大手势集合奠定了基础，然后迭代地完善这个手势集合伴随的可视化，直到达到最终的原型阶段。在此过程中，研究人员通过交互式原型展示了手势识别技术的特点，领域专家作出了更改并提供了反馈，对该概念的用户接受度和用户体验在金属车间的真实使用环境中进行了评估。Heimonen等人提供了有关这些发现的更多详细信息。

（2）工作体验设计目标

基于手势概念定义的工作体验设计目标是：使用系统的感觉就像魔术一样；对系统的控制感。“感觉像魔术”的体验设计目标表明，需要提供一些全新的东西让操作员感到惊讶。有趣和直观的交互不需要过多的努力，但是操作员仍然应该有控制感。这个目标表明需要易于学习、易于执行且检测可靠的手势。这两个工作体验设计目标都有助于提高生产力、工作场所的吸引力和公司的品牌形象等理想的客户价值。

综上，上述两个工作体验设计目标源于以下五个方面：作为创新者的公司品牌形象；用户情感体验理论；用户任务的同理心理解；基于手势的交互技术；“将用户从物理控制设备中解放出来”的未来使用愿景。

3.1.3 案例：Konecranes起重机智能图形用户界面设计

起重机智能交互（智能图形用户界面设计）案例的研究目标是了解电动桥式（EOT）龙门起重机的自动化智能功能如何影响操作员的工作体验，以及如何设计起重机新的用户界面。龙门起重机是一种带有吊升机械的起重机，沿着平行跑道之间的大梁行进，通常用于工业过程中的物料搬运。

（1）设计过程

本案例中的设计框架基于用户心理学。这种设计方法的核心是每个设计解决方案都应该基于心理上有效和连贯的概念以及问题领域的理论。该案例始于对起重机操作员的11次半结构化访谈，洞察结果是一组与起重机操作相关的主观体验设计目标和问题，尤其是在自动化程度不断提高的情况下。

设计研究团队分析了积极和消极的工作体验，赋予这些体验一个情感主题，并定义了两个体验设计目标：支持胜任感和避免焦虑。为了更详细地理解目标，设计研究团队对20名不熟悉起重机操作的用户进行了一项实验室研究。

在定义工作体验设计目标后，对其进行评估，并提出了一套启发式方法。在设计研讨会上，设计研究团队向参与者展示了体验设计目标、目标的具体含义、目标与起重机自动化的关系，以及在概念化过程中使用的一组启发式方法。研讨会产生了多个概念，并根据工作体验设计目标和启发式方法进行了评估，实施了最合适的概念，并在四名起重机操作员和一名设计师的现场实验中对原型进行了评估。现场实验表明，该界面支持设定的工作体验设计目标，也为界面的下一次迭代提出了一系列改进建议。

（2）体验设计目标

在这种情况下，设计研究团队有两个高级工作体验设计目标：支持胜任感和避免焦虑。胜任感是指操作员有效和熟练地执行任务，以及对自己的技能如何高效地完成任务的理解所产生的感觉。另一方面，焦虑是用户无法控制自动化系统以致无法完成任务的后果。支持胜任感这一工作体验设计目标表明所有设计决策都应该支持对自己胜任的积极理解。这结合了体验设计目标，如决心、动机和选择自由。避免焦虑这一工作体验设计目标表明，在设计决策中应该预见和避免可能的用户的工作体验问题，例如在起重机操作过程中感到惊慌或紧张。

综上，上述两个工作体验设计目标源于以下三个方面：用户情感体验理论；通过用户访谈获得同理心理解；智能自动化技术。

3.1.4 案例：Konecranes远程操作站界面设计

在本案例研究中，设计研究团队为半自动化集装箱起重机的远程操作开发了一种新的操作用户界面概念。操作员在远程办公环境中通过手动操作遥控在陆侧装载区装载和卸载外部公路卡车和其他类型的底盘。

（1）设计过程

本案例的目的是，通过在设计中特别关注起重机操作员的用户体验，将新的远程操作用户界面设计与现有的解决方案区分开。新的操作用户界面的主要愿景被定义为远程操作的上手体验，因为设计研究团队希望，通过操作用户界面进行的远程操作体验就像在起重机所在的现场进行一样生动和安全。案例的设计活动以与大多数概念开发过程类似的方式进行，但特别关注与工作体验相关的问题。例如，Desmet和Schifferstein描述了体验驱动设计实践的过程“理解—设想—创造”。

在定义工作体验设计目标时，设计研究团队首先使用系统可用性框架作为起点，特别是利用了框架的“用户体验：使用的发展潜力”对活动的观点。这些考虑产生了第一组工作体验设计目标，例如，对功能适合的工具的使用体验，对技术的适当信任和控制感。

接下来，设计研究团队开始了概念明确化阶段。在这个阶段，设计研究团队首先通过文献调查来熟悉领域环境和起重机操作工作。例如，文献综述包括对其他类似远程操作解决方案的对标研究。在这个阶段之后，设计研究团队创建了一套初步的、广泛的、可能的工作体验设计目标，例如，除了前面提到的目标之外，还包括一种存在感。为了验证和完善生成的广泛的工作体验设计目标，设计研究团队对两位领域专家进行了试点访谈。根据这些访谈的结果，控制感和存在感被选为实地研究的主要目标。

设计研究团队在两个国际集装箱码头进行实地研究，共有12名起重机操作员。这些研究侧重于所选用户体验设计目标（即它们在操作员日常工作中的实际含义）以及对领域和起重机操作工作活动的分析。在方法论上，这些研究包括基于核心任务分析和批判性决策方法的访谈和观察。由于研究结果突出了这些目标的重要性，因此实地研究将安全操作的感觉和流畅的合作体验添加到潜在的工作体验设计目标列表中。

在实地研究之后，设计研究团队根据核心任务分析框架对收集到的数据进行分析，并在此分析的基础上选择最终的用户体验设计目标来指导概念开发工作。在工作体验设计目标和用户需求的基础上，在项目中构建了一个基于虚拟现实的远程遥控平台原型系统。

（2）体验设计目标

在这种情况下，指导概念设计的最终工作体验设计目标包括：安全操作感；控制感；临场感；流畅的协作体验。在这个案例中，安全操作的感觉尤其重要，因为起重机正在起重重物，如果出现问题，人的生命可能会处于危险之中。控制感至关重要，因为远程操作员不直接与起重机接触。同样，现场感也很重要，因为远程操作员实际上并不在现场，并且他仍然必须以足够生动的真实感来感知对象环境中的普遍条件。最后，还选择了流畅的协作体验，因为起重机操作工作与设计研究团队最初的概念相反，这是一项非常社会化的活动，不同的专业人士之间有大量的交流。

综上，上述四个工作体验设计目标源于以下四个方面：系统可用性理论与核心任务分析理论；实地观察和用户访谈；远程控制技术；远程操作上手体验的使用愿景。

3.1.5 案例交叉分析

上述四个案例采用了几种不同的方法来设定工作体验设计目标，并都专注于将新技术引入工作环境来开发全新的交互概念。毋庸置疑，新技术的可能性在一般情况下都可以被确定为用户的工作体验设计目标来源。新技术提供的预期可能性可以在工作体验设计目标中明确，例如，移动应用交互技术可以为用户提供远程操作电梯的体验，基于手势的交互技术可以创造类似变魔术的操作体验。技术也会影响用户体验，因此体验设计目标的设定旨在防止或最大限度地减少技术带来的威胁，例如自动化和智能化可能会降低胜任感。防止技术威胁的另一个例子是远程操作可能会减少存在感和控制感。

这些案例的另一个共同点是强调用户的需求、价值观与偏好。在所有案例中，对用户的彻底理解是工作体验设计目标的来源。这些案例旨在让设计师站在用户的立场，以同理心理解用户的世界。从用户观察和访谈以及与领域专家的访谈中获得对用户的同理心。设计师可以识别基于同理心的用户体验设计目标，例如，在智能图形用户界面案例中，基于情感的工作体验设计目标是避免焦虑和支持胜任感。在远程操作起重机的案例中，同理心对于理解安全操作和流畅沟通的体验设计目标至关重要。

除了以同理心来理解用户外，在案例中还可以识别出一种基于理论的用户理解方法。情感用户体验被用作基于手势的交互案例和智能图形用户界面案例的理论背景。基于系统可用性和核心任务分析的工作环境中人类活动的理论背景有助于在起重机远程操作的案例中确定一组初步的广泛工作目标。基于理论的方法有助于建立工作体验设计目标的框架，而对特定工作人员的共情理解有助于确定个别案例中最关键的工作体验设计目标。

公司品牌可以被确定为用户工作体验设计目标的来源。在电梯移动应用交互的案例中，公司品牌“人的流动”本身就是面向用户的工作体验，它描述了公司希望用户在使用电梯时得到的感受。在金属车间基于手势的交互案例中，公司品牌可以被视为工作体验设计目标的另一种来源，公司希望强调其作为创新先行者公司的形象，具有全新的交互概念，体现在“感觉就像魔术”的体验设计目标上。

“感觉就像魔术”体验设计目标的另一个设定来源是新的愿景。更新设计愿景也是这些案例中的一个共同特征，即用户的工作体验愿景可以成为突破性设计概念更新的来源。在电梯移动应用交互和起重机远程操作的案例中，也可以确定从根本上更新当前交互或操作实践的目的。更新愿景的时间跨度可能会有所不同，从可以在市场上快速实现的产品转变到更具未来感的概念。例如，基于手势的交互案例是对未来交互可能性的探索，而没有立即转向产品开发的计划。其他三个案例是针对近期的实际产品开发，例如，电梯移动应用交互案例中，科研团队进入电梯公司内部启动了产品研发，从而产生了商业产品。

工作体验设计目标设定在案例中以不同的方式进行。基于手势的交互案例和电梯移动应用交互案例中，在不同的研究活动中参与者贡献了新的知识，并相应地定义了工作体验设计目标。起重机的智能交互和远程操作设计在连续的研究活动的基础上逐步细化了工作体验设计目标。体验设计目标设定中采用了多种观点，以整合利益相关者的观点：操作员重视什么样的体验；设计师可以促进什么样的体验；公司希望为客户提供什么样的体验。

案例研究表明，定义工作体验设计目标有几种不同的方法，同时使用不同的方法会带来不同利益相关者的观点。下一节将进一步分析这些案例研究结果，并将它们与相关研究相结合，以识别、分类和分析不同的工作体验设计目标设定方法。

3.2 工作体验设计的挑战之一：目标设定

上一节通过四个工业系统的设计案例，探讨了在设计过程的早期阶段如何设定用户的工作体验设计目标。案例研究表明，第一，新技术媒介在重工业行业的人机交互体验设计中起着普遍和关键的作用。移动交互、手势交互、远程操作以及自动化和智能化等技术为工作提供了新颖的体验。工作体验设计目标强调了新体验引人注目的特性，例如“魔法体验”是基于手势交互的操作体验设计目标。第二，重工业环境的复杂性要求设计师通过活动，如实地观察、用户访谈和与专家的联合设计研讨会，对用户的世界有同理心理解。从实际用户的领域和工作分析中获得的知识可以帮助设计师详细说明工作体验设计目标对情境中的工作者真正的意义。第三，人类的科学理论为工作体验设计目标设定提供了新的来源，即情感用户体验，以及系统可用性和核心任务分析。这些理论框架有助于建立基于科学的工作体验设计目标设置与评估的结构化方法。第四，受产品设计方法中愿景的启发，Kaasinen等人指出研究产品存在的深层原因和新的展望可以给公司高层带来工作体验设计目标设定的灵感。这是一种高度面向设计师的方法，通过创造性地解释未来，向工作体验设计目标灌输深度意义。第五，从品牌元素、品牌标识、品牌形象或品牌口号中派生出高级的用户体验设计目标。这也是一种设计师式的方法，以品牌和公司文化的独特含义为灵感，设定用户体验设计目标。愿景、品牌和理论的方法更倾向于以设计师为导向，同理心的方法则倾向于以用户为导向，而技术的方法似乎更受市场的驱动。

3.2.1 公司和品牌形象（品牌）

工作体验设计目标最明显的来源是对公司和品牌的认知。在电梯移动应用交互的案例中，设计研究团队专注于将KONE“人的流动”的品牌承诺作为用户工作体验设计目标的来源。在Fastems基于手势的交互案例中，设计研究团队发现，需要更普遍地强调公司是创新的先行者，这也体现在工作体验设计目标设定中。

基于品牌的方法是指产品的用户工作体验应符合品牌体验的理念，即公司想要传达给客户的形象。许多公司的网站是品牌认知设计中可见的很好的例子。Stompff解决了品牌价值在实体产品中通常不可见的问题。Stompff认为，在品牌价值于产品中显现出来之前，公司和设计师之间需要建立长期的关系。Roto和Rautava描述了在为公司所有产品定义用户体验设计目标时应该如何考虑公司的品牌承诺。它们包括四个高级用户体验设计目标中的功用和非功用方面。

Schifferstein、Kleinsmann和Jepma谈论的是体验驱动的创新，而不是简单的产品设计。他们声称仅仅改变体验驱动的产品设计流程是不够的，但体验对组织的三个层面都有影响：公司层面、公司内部品牌层面以及单个产品或服务产品的水平。体验驱动的创新旨在提供一致的公司、品牌和产品体验。

在研究中，品牌驱动与体验驱动的产品设计似乎存在差距。设计研究团队认为这是因为在学术界用户体验研究与品牌体验研究的差距相对较远。在业界案例中，品牌应该是用户工作体验设计目标不言而喻的来源。

3.2.2 对人类的科学理解（理论）

心理学理论可以用来解释为什么某些体验对用户来说是令人满意和吸引人的。设计研究团队使用情感体验，以及系统可用性和核心任务分析作为工作体验设计目标的理论来源。从文献中，设计研究团队确定了许多其他用于定义体验设计目标的理论框架。在下文中，设计研究团队将讨论其中的一些。

Hassenzahl提出了享乐-实用体验模型。它强调了愉悦体验的重要性，例如激励、识别和唤起，以及传统的实用性方面，即功用性方面，例如效率和有效性。享乐方面涉及一个人的深层次目标be-goals，例如获得胜任感、团结他人或追求卓越。在他们最近的工作中，Hassenzahl、Diefenbach和Göritz发现be-goals，或者更确切地说是普遍的心理需求，与积极影响有关。其中胜任感、相关性、受欢迎程度、激励、意义、安全性和自主性七个需求，是交互式技术积极体验的来源。

Desmet和Hekkert提出了产品体验的一般框架，适用于描述人与产品交互中可以体验到的情感反应。他们讨论了产品体验的三个不同组成部分或层次：审美体验、意义体验和情感体验。

作为基于对人类的科学理解来设定用户体验设计目标的实用工具示例，设计研究团队采用游戏体验（Playful Experience，PLEX）框架。基于此框架中22个不同类别的游戏体验，Lucero和Arrasvuori引入了PLEX卡片来帮助设计过程中的不同利益相关者。Olsson等人报告了一个使用PLEX卡片作为设计起点的示例。

现有的基于科学研究的用户体验框架包括数个用户体验因素，可用作设定体验设计目标的基础。由于框架中的因素处于不同的抽象级别，因此它们可能需要被概括或指定为用户的工作体验设计目标。

3.2.3 对用户世界的共情理解（同理心）

通过同理心理解用户，设计师可以获得关于提供良好用户体验的产品和服务设计的灵感。设计研究团队使用观察和访谈的方法来获得对用户的共情理解。用户研究是确定用户体验设计目标的常用方法。早在1997年，Leonard和Rayport就引入同理心设计概念，当时他们并没有使用“体验”一词。他们将同理心设计视为营销研究的一种补充方法，有助于促进进一步测试的灵感。当公司代表以全新观察者的眼光探索客户世界时，公司可以将现有的组织重新导向新市场。Wright和McCarthy将同理心设计方法视为更广泛的实用主义设计方法的一部分。他们认为，“在用户的生活和感受中了解用户”涉及体会成为那个人的感觉，以及从他们自己的角度来看用户的情况是什么样的，即同理心。

以体验为中心的设计需要设计师以丰富的方式与用户及其文化互动，以了解用户如何理解生活中的产品或服务，同理心是这种方法的核心。Kouprie和Sleeswijk Visser提出了设计中的一个移情框架：走进和走出用户的生活。基于心理学文献，他们区分了移情的两个组成部分：认知和情感。认知部分包括理解、换位思考和想象对方，即留在用户身边。情感成分包括情绪反应、感觉和对用户的认同，即成为用户。Mattelmäki和Battarbee提出了移情探测来诱导设计同理心。通过移情探测，用户可以记录他们的物理环境、社会背景、生活方式、态度和体验。用户研究探针是指一种自我记录方法，用户观察和反思自身的日常生活和经历，然后记录下来，可用于在用户和设计师之间建立移情和尊重的对话，并且探针支持设计师对用户的移情理解。理解用户的世界对于设计师的动机来说很重要，而故事是促进这种理解的好工具。成功传达的用户信息为用户提供了同理心，并为产品创意提供了灵感。

设计研究团队的用户研究经常揭示负面情绪，例如焦虑、不确定或疏离感。这些负面感受可以转化为积极的用户工作体验设计目标，例如远程起重机操作案例中的控制感和安全操作感。在远程起重机操作案例中，用户访谈强调了流畅交流的重要性。许多工作任务会包括与队友的合作，与他们的流利沟通是良好用户体验的来源。因此，特别是在考虑工作环境时，除了个人之外，该观点还应涵盖工作团队。协同设计可以被视为移情设计的一种形式。在协同设计中，用户的角色从被动的研究对象转变为主动的设计合作伙伴。Sanders和Dandavate是最早讨论“为体验而设计”的人之一，他们的研究激发了协同设计运动。他们引入了The Make Tools（制作工具）来获取人们的感受、梦想和想象力，从而为体验驱动的设计获取灵感。用户参与不仅提供了有关用户需求的有用信息，而且增加了对用户价值的理解。协同设计可以通过鼓舞人心的物理或虚拟空间来提供支持，用户、设计师和其他参与者可以在其中非正式地见面并平等地参与设计活动。

上述所有同理心方法都可以为用户工作体验设计目标的设定提供信息和灵感。对用户世界的同理心理解使其有可能站在用户的立场，并在整个设计阶段就设计细节作出决定。此外，协同设计能够与用户及利益相关者一起做出设计决策。

3.2.4 基于新技术的可能性和挑战（技术）

技术推动是设计研究团队所有案例研究中设计创新的驱动力之一。设计研究团队正在通过新颖的交互概念寻求更新。通过体验设计目标，设计研究团队可以确保将新技术顺利引入使用环境，用户体验设计目标有助于将人们的注意力吸引到技术可以促进的积极体验上。另一方面，用户体验设计目标可以最大限度地减少预期的消极体验，例如失去控制感或失去感觉的存在。技术驱动设计或“蓝天”技术研究专注于开发直接超越商业化的新颖技术解决方案。这些以技术为导向的设计方法与将设计立足于用户的实际需求和期望之间存在摩擦。例如，Ljungblad总结了以前对普适计算系统设计的批评，指出现有研究经常调查新的技术，然而实际场景中并没有基于现有实践使用新技术适当的理由。

设计研究团队的案例研究表明，在研发前期研究新技术可以创造新的用户工作体验，基于技术的方法可以支持工作体验设计目标设定，然后可以设置工作体验设计目标以加强积极体验（例如在设计研究团队的一个案例研究中的体验设计目标“感觉像魔术”）并克服消极体验（例如将存在感或控制感作为用户体验设计目标，以最大限度地减少消极体验）。已经有各种与新技术开发相关的工作体验研究，例如Kaasinen等人的智能环境研究，Olsson的移动增强现实研究，Väänänen-Vainio-Mattila、Väätäjä和Vainio的Web 2.0服务体验研究，以及Bowman和MacMahan的虚拟环境沉浸体验研究。上述研究旨在通过总结几项研究的结果，来确定与某种技术相关的工作体验问题。虽然这些研究是基于评估结果，但它们也引入了挑战和可能性，可以在设计活动中用于工作体验设计目标设定。

正如上述发现所表明的，关于不同交互技术的可能性和威胁的研究结果相当多。这些结果为定义用户的工作体验设计目标提供了良好的基础，以便利用可能性并最大限度地减少威胁。然而，仅仅关注这些可能性和威胁可能会导致过于狭隘地看待整体用户的工作体验。

3.2.5 产品存在的深层原因和设想更新（愿景）

工作体验灵感来自调查产品存在的深层原因和设想更新，来自具有可能性的理想愿景，通常从其他领域获得启发。在上述的案例研究中，Konecranes远程操作起重机的案例从太空操作、远程手术和采矿等其他领域寻找灵感。其他领域的移动交互如KONE电梯移动应用交互案例的灵感来源。

Hekkert、Mosert和Stompff提出产品设计中的愿景（Vision in Product Design，ViP）方法进行体验设计。他们认为，创新产品设计可以先不对产品定义进行预设，而通过制定三个层次的愿景来开发产品：首先在适当抽象层次上的情境愿景；然后将其推进到交互愿景，它说明用户如何与产品进行交互；最后是产品愿景。ViP方法促使设计师将自己从明显的限制或要求中解脱出来，寻找愿景的可能性。设计师与未来的用户产生共鸣，但用户不参与设计过程。Hekkert、Mostert和Stompff指出，通过这种方式，可以避免用户对熟悉的解决方案关注而导致的不良约束。

Desmet和Schifferstein认为体验设计没有特定的过程，而应该关注设计所需进行的活动。他们将这些活动分为三类：理解、构思和创造。“理解”类别中的活动旨在了解用户和使用情况，“构思”活动有助于定义用户的工作体验设计目标，而“创造”活动有助于概念化、具体化和测试新概念。“构思”活动包括构想用户工作体验设计目标和用户 - 工作触点交互，以及制定目标产品评估和目标产品特征。基于愿景的方法在创造全新事物方面具有很好的潜力，但由于此方法与用户世界的联系非常松散，因此可能无法保证用户能够接受有远见的解决方案。

3.3 工作体验设计目标

3.3.1 工作意义感

组织学与心理学中，工作意义感相关理论可以作为工作积极体验设计目标的设定来源。学者们主要从工作特征取向、价值取向和体验取向三种视角界定工作意义感。工作意义的概念最早出现在Hackman和Oldham提出的工作特征模型（Job Characteristic Model）中，工作意义作为一种心理状态，具有技能多样性、任务识别性和任务重要性三项核心工作特征。相似的，工作意义也被定义为个体满足与实现工作需求或欲望的工作场所特征。

工作意义感国际研究团队（MOW Research Team）拓展了工作意义感的内涵，将其划分为五个层次的价值观系统：工作中心性（Work Centrality as A Life Role）、工作结果（Valued Work Outcomes）、工作目标重要性（Importance of Work Goals）、工作角色认同（Work Role Identification）和工作社会规范观念（Societal Norms about Working）。也有学者将工作意义感界定为个体的内心世界与工作场所外在表现的一种内在联系，是工作者对个人与工作之间关系的一种认知。

以上两种概念界定皆基于静态观点，即工作意义是稳定的工作特征或个人信念系统。受积极心理学启发，主流研究者采用第三种以人为本的定义取向——体验取向，即工作意义感是个体的一种内心状态与主观感受。Steger、Dik和Duffy指出，工作意义感是以成长和目标为导向，关注实现性（Eudaimonic Focus），而不是以享乐为导向（Hedonic Focus）。工作意义感产生于个体在工作中与更高尚、超越自己的生活目标之间产生真实联结时。在中国语境下，陈佳乐通过质化研究将工作意义感定义为个体对自己从事的工作所具有的价值、目的和重要性的主观体验，并指出这种主观体验具有积极性、动态性和整体性的特征。

随着研究推进，工作意义感被广泛认为是一个复杂的多维概念。宋萌等人分别从理论综述、质化访谈及实证研究对工作意义感的结构进行了探索（表3.1）。有些学者对工作意义感的维度进行归纳，试图提出能够整合各个维度的模型结构。Rosso等人的二维模型，以及Lips-Wiersma与Wright提出的全面发展模型最具有代表性。Rosso等人基于近三十年有关工作意义的研究，认为工作意义感的产生和维持中涉及两个关键维度。一种维度关于个体的行为驱动力，包括主体性与合群性。一方面，人类被驱使分离、主张、扩展、掌握和创造（因此追求主体能动性）；另一方面，他们被驱使接触、依附、连接和团结（因此追求合群性）。另一种维度关于对工作意义的看法，这可能会根据行动是针对自己还是针对他人而发生根本性变化，分为自我指向与他人指向。Lips-Wiersma和Wright通过长达十年的质性研究提出工作意义感来源于两个关键维度，一个维度是Rosso等人的模型中的关注自我-关注他人维度，另外一个维度是个体的需求类型，分为行动需求（Doing）和存在需求（Being）。宋萌等人基于Rosso的二维模型，总结了现有文献中关于工作意义感的维度分类（表3.2）。

对于体验设计师而言，工作意义感是较为陌生的跨学科学术概念。上述工作意义感结构与维度的研究从积极心理学视角和人本理论视角为工作体验设计目标的设定提供了理论基础。下文以Rosso提出的工作意义感机制为理论基础，构建工作积极体验设计模型。

表3.1　工作意义感的结构维度汇总

结构维度	数据来源	文献
自我感觉、工作本身、平衡感	文献总结	Chalofsky（2003）
发展和学习、工作效用、工作关系质量、自主性、道德正确性	加拿大4个组织1087名员工	Morin（2008）
自我联结、个性化、联合、贡献	文献回顾总结	Rosso（2010）
工作积极意义、工作创造意义、至善动机	美国某大学370名职工	Steger 等（2012）
工作中积极的情绪体验，工作自身的意义，工作中有意义的目的、目标，工作意义是生活意义的一部分	文献总结	Soohee Lee（2015）
发展和成为自我、充分展现潜能、联结他人、服务他人、平衡紧张、受到鼓舞、承认现实	新西兰167名员工	Lips-Wiersma 和 Wright（2012）
团队凝聚、正视事实、展现真我、内心满足、发挥影响、个人自主维度、生活保障	中国企业466名员工	陈佳乐（2016）
组织的意义、工作的意义、任务的意义、互动的意义	文献回顾总结	Bailey 和 Madden（2016）

表3.2　工作意义感的维度分类

研究性质	文献	指向自我		指向他人		其他
		主体性	合群性	主体性	合群性	
理论研究	Chalofsky (2003)	工作本身	自我感觉			平衡感
	Rosso(2010)	个性化	自我联结	贡献	联合	

续表

研究性质	文献	指向自我		指向他人		其他
		主体性	合群性	主体性	合群性	
实证研究	Morin(2008)	发展和学习、自主性	道德正确性	工作效用	工作关系质量	
	Steger、Dik和Duffy(2012)	工作创造意义		至善动机		工作积极意义
	Lips-Wiersma和Wright(2012)	充分展现潜能	发展和成为自我	服务他人	联结他人	平衡紧张、受到鼓舞、承认现实
	Bendassolli等(2015)	发展和学习、展现潜能、自主性	道德正确性	工作效用	工作关系质量	

3.3.2 工作积极体验设计模型

作业工具设计如何提升工作幸福感体验？结合自上而下的理论综合法与自下而上的案例分析法，研究Ⅱ致力于解决这个问题。在自上而下的方法中，研究Ⅱ借鉴了积极设计和工作意义感的理论元素。为此，设计研究人员想确定这两个领域的知识如何相互补充，并为开发工作体验设计指南做出贡献，从而获得工作积极体验设计理论。在自下而上的方法中，研究Ⅱ分析了三个工作体验积极设计案例（电子学习工具、拖船桥和Bond移动应用程序），以揭示什么样的工作体验设计目标是已被设计的。

以幸福感为愿景的积极设计框架建立在积极心理学和设计理论的最新发展之上，对工作积极体验设计研究具有启发意义。同时，在体验设计中，设计研究人员利用的用户体验的三个时间跨度可以映射到积极设计框架的元素：瞬间体验中的愉悦、情节体验中的个人意义和累积体验中的美德。由于积极设计框架不依赖于任何特定领域，因此可以合理地假设它适用于作业工具的体验设计。

从工作设计领域，设计研究人员选择了Rosso等人提出的工作意义机制框架（表3.3）。大多数关于工作意义的研究都以某种方式明确或隐含地阐明了特定来源影响工作意义的过程。从基本意义上说，机制是驱动两个变量之间关系的底层引擎，捕捉一个变量影响另一个变量的过程。Rosso等人对工作意义机制以强调意义体验背后的心理过程进行分类。这些机制驱动的工作意义范围从自我实现的心理过程到完全超越自我的过程。Rosso等人提出七种工作被认为是有意义的或获得意义的机制：真实性、自我效能、自尊、目的、归属感、超越，以及文化和人际意义构建。每种机制可以采取不同形式，以不同的心理和/或社会过程为特征。前六种机制强调满足基本人类需求，并主要强调产生体验意义的心理过程。然而，第七种机制文化和人际意义构建，侧重于从社会文化角度实际构建意义，这就是为什么 Rosso 等人声明它与之前的六种机制明显不同。由于“意义构建”超出了本研究的范围，设计研究人员只关注前六种机制，而排除了文化和人际意义构建机制。设计研究人员认为，这些有意义的工作机制可能会促使作业工具设计者全面了解员工如何看待工作中的意义，并进一步促进他们塑造潜在的有意义的体验。

表3.3 工作意义机制

工作意义机制	定义	子机制	定义
真实性	个人的行为与对真实自我的感知之间的一致性或连贯性	自我一致	人们认为他们的行为与他们的兴趣和价值观一致的程度
		身份认同	通过工作验证、确认或激活有价值的个人身份
		个人投入	个人沉浸在工作体验中并充满活力
自我效能	个人相信自身有能力产生预期效果或产生有所作为的信念	控制或自治	将自己视为能够行使自由选择权并有效管理自己的活动或环境
		胜任	成功克服工作中的挑战所产生的胜任体验
		感知影响	个人通过工作活动对他人产生积极影响的感觉刺激了自我效能感的体验
自尊	工作经历所产生的成就感或肯定感有助于满足个人相信自己是有价值的个体的动机	自尊	个人或团体成就为个人提供价值感和自我价值感，以及自尊产生的意义
目的	生活中的定向感和意向性	工作重要性	个人对其工作重要性的看法通过他们的努力服务，体验对有意义的工作做出贡献的重要性
		价值体系	一组人共享的一组一致的价值观，提供了一个指导人类感知和行为的是非指南针
归属感	一种普遍的驱动力，以形成和维持至少最低水平的持久、积极和重要的人际关系	社会认同	由于个人被激励成为理想社会群体的一部分，工作场所群体的成员身份创造了对员工有意义的共同认同感、信仰或属性
		人际联系	工作场所的人际亲密感有助于产生归属感和团结感，这些联系让人感到安慰和支持
超越	用一个比自我更伟大或超越物质世界的实体来联结自我或取代自我，使自我服从于超越自我的群体、经验或实体	相互关联	与有形自我之外或更大的事物的联系或贡献所产生的意义
		克己自制	通过使自我服从并放弃对比自己更大的事物的控制来超越自己的利益，可以使个人感到他们并不孤单，并且不需要控制
文化和人际意义构建	理解不同类型的工作意义是如何在社会文化背景下构建的	社会/文化建设	工作获得意义的方式受到文化背景下意义被认为是合法的或突出的强烈影响
		人际意义构建	个人扫描、理解和解释工作环境中的线索，这些线索直接或间接地告知个人工作的意义

在2012年和2013年期间，设计研究人员总共进行三次体验驱动设计课程实践，主要针对基于工作体验设计的作业工具创新。在本课程实践中，由重工业公司提供设计案例，由两到三名工业和战略设计硕士生组成的团队进行了为期两个月的工作。所有的10个案例都经历了一致的体验设计过程：设计导向探索、体验设计目标设定与确认、概念生成与评估、最终概念呈现。处理这些案例的学生并不了解上述理论框架，但他们都定义了作业工具的体验设计目标。同时，公司人员作为信息提供者和评论员

参与了整个设计过程。

在这项研究中，分析了10份与作业工具设计相关的学生作品，从与生产系统直接相关的接口或设备（例如C1中的拖船桥控制台、C3中的eLearning工具、C8中的起重机远程控制、C9中的过程控制系统）到外围设备系统中涉及的不同利益相关者的接触点（例如C2中的移动客户服务应用程序、C4中的未来工厂、C6中平板电脑的移动销售应用程序、C10中的移动起重机监控应用程序）。此外，另外两个案例与工作环境有关（例如C5中办公楼的非接触式电梯用户界面、C7中办公室的信息屏幕）。从10个工具设计案例中收集了31个工作体验设计目标，并将该数据集用于自下而上的分析。目标分类由两名研究人员（作者是其中一位）独立进行。

首先，根据Desmet、Pohlmeyer和Forlizzi的说法，积极设计是为人类繁荣而设计的，需要所有三个设计要素（个人意义、美德和愉悦）的平衡贡献。尽管框架很简洁，但它在设计中包含并平衡了享乐（即愉悦）和幸福（即个人意义和美德）的观点。目标分类产生了65%评分者间的一致性。然后，两位研究人员讨论了分歧，直到达成共识。

其次，根据工作意义机制中的13种机制对所有31个体验设计目标进行分类，分为：自我一致、身份认同、个人投入、控制或自主、胜任、感知影响、自尊、工作重要性、价值体系、社会认同、人际联系、相互关联和自我克制。然后，它们被用于对体验设计目标进行分类，因为它们被证明有助于提高工作的意义，并且可以很好地作为定义作业工具体验设计目标的起点。分类的方式与第一阶段相同，评分者间的一致性为74%。

最后，该研究比较了两种分类的结果，并调查了工作意义机制与积极设计之间的关系（图3.1）。

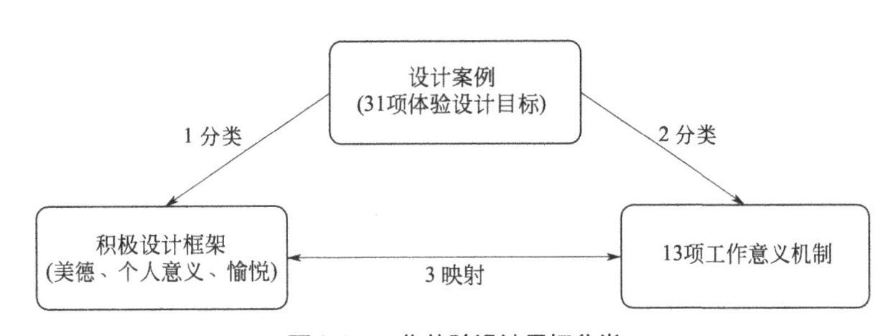

图3.1 工作体验设计目标分类

上述重工业情境中的10个作业工具设计案例都是从定义3～4个工作体验设计目标开始的。对这些案例中使用的31个体验设计目标与积极体验设计框架的3个组成部分进行分类时，发现个人意义是每个案例中最普遍的组成部分。31个目标中有14个与个人意义相关，分为7个不同的工作意义机制类别。值得注意的是，这14个目标中有5个来自胜任机制。胜任的体验来自个人在工作中战胜挑战，这有助于激发个人在工作中的潜力。胜任是在工作相关环境中设定个人意义相关经验目标的重要来源。为个人意义而设计、具有自我效能意义的工具可以促进员工的积极性，增强他们的胜任感，提高他们的绩效，并对工作成果产生积极影响，从而为投资于该领域的客户创造长期价值。

在这项研究中，美德也是积极体验设计框架中经常使用的组成部分，也是体验目标设定的一个组成部分。31个目标中有11个符合美德设计的概念，10个案例中有8个采用美德相关的体验设计目标。这些目标涵盖5类工作意义机制。值得注意的是，其中5个目标来源于人际联结的有意义的工作机制。工作场所的人际亲密有助于产生归属感和团结感，唤起舒适和支持的感觉。这将自我导向的关注扩展到工作的社会方面。在企业对企业的情境中，能够唤起员工联结体验的工具对员工和组织都是有益的，从而可以提高他们对作业工具提供者的忠诚度。

这10个案例中有6个采用了与积极体验设计框架中愉悦相关的工作体验设计目标。所有这些都与个人参与机制有关，这种机制强调了工作中的沉浸式和精力充沛的状态。关于案例的详细描述参见第六章。

设计研究人员意识到，在这些案例中使用的体验设计目标与自我协调、价值体系、社会认同和相互联系的有意义的工作机制之间可能很难找到明显的相关性。这些机制都与价值有关，从个人层面到集体层面，甚至是宗教信仰。自我一致性的感知使人们感到他们的行为符合他们的兴趣和价值观。价值体系提供了一种保证感，即一个人正在按照一群人共享的基本价值观行事。同样，社会认同强调了由共享身份、信念或属性引起的归属感，而相互联系则表明个人可以超越自我并为此做出贡献。与效能相关的工作意义机制（如控制或自主、胜任）相比，价值相关机制更加内在和稳定，工具设计者很难塑造。出于这个原因，这些价值相关机制很难为作业工具设计的积极设计框架做出贡献。总之，我们的工具设计案例中的工作体验设计目标表明，胜任、人际联系和个人参与等有意义的工作机制有助于为个人意义而设计、为美德而设计和为愉悦而设计。具体如表3.4、表3.5所示。

表3.4　工作体验设计目标分别映射于积极设计框架和工作意义机制

工作体验设计目标	含义	积极设计要素	工作意义机制
安全感	即使没有真实的老师在场，也有被教导的感觉	美德	个人联结
胜任	平衡无能和过度自信的感觉	个人意义	胜任
激励	享受学习的挑战	愉悦	个人投入

表3.5　10项案例的工作体验设计目标分别映射于积极设计框架和工作意义机制

案例编号	工作体验设计目标	积极设计框架要素	工作意义机制
C1	安全	美德	人际联结
	胜任	个人意义	胜任
	激励	愉悦	个人投入
C2	自豪	个人意义	身份认同
	聚光灯下	个人意义	工作重要性
	联结	美德	个人投入
C3	享受	愉悦	个人投入
	惊叹	愉悦	个人投入
	自豪	个人意义	感知影响

续表

案例编号	工作体验设计目标	积极设计框架要素	工作意义机制
C4	信任	美德	克己自制
	自我实现	个人意义	身份认同
	胜任	个人意义	胜任
C5	愉悦	愉悦	个人投入
	冲击	美德	身份认同
	发现	美德	个人投入
C6	控制	个人意义	控制或自治
	信任	美德	克己自制
	投入	美德	人际联结
C7	联结	个人意义	人际联结
	投入	美德	人际联结
	交流	美德	人际联结
C8	胜任	个人意义	胜任
	自尊	美德	自尊
	自豪	个人意义	身份认同
C9	胜任	个人意义	胜任
	享受	愉悦	个人投入
	联结	个人意义	人际联结
C10	联结	美德	人际联结
	赋能	个人意义	胜任
	活力	个人意义	个人投入

大多数与个人意义相关的目标都来源于工作意义机制的那些自我导向和差异化驱动的机制，例如，赋能的体验设计目标源于胜任机制。然而，一些与个人意义相关的目标也包含其他方面。例如，在拖船桥设计的案例中，自豪感的体验设计目标来源于身份确认的工作意义机制，体现为掌握先进工具和归属于组织的感觉。移动应用案例中这种体验设计目标的另一个例子反映了机制的感知影响，这是通过向其他人展示应用来唤起的。因此，虽然个人意义暗示了一个以自我为导向的设计组件，但工作意义机制在体验设计目标设定中注入了以他人为导向的考虑。

在工作环境中，美德很容易与其他相关的意义机制相关联。例如，在为初学者叉车司机设计电子学习工具的案例中，提供了人际联结机制。在这里，安全体验设计目标是由即使没有真实的老师也能被引导的感觉引发的。另一个例子发生在自动化系统的移动应用程序设计的案例中。与自我克制机制相联系的信任体验设计目标表现为对工具、工具提供者甚至组织的信任。值得注意的是，这些案例还表明，美德可以从自我关注的机制中设计出来，例如个人参与。在拖船桥设计的案例中，与工作环境的联系是一个与美德相关的体验设计目标，源于个人参与机制。它体现在与拖船和大海合二为一的感觉上。因此，通过这些意义机制，包含美德设计的空间可以向他人导向和自我导向两个方向扩展，这类似于个人意义设计。

通常，为愉悦而设计很容易与享乐幸福感体验设计目标相关联，例如放松、幽默和幻想，尤其是在电子玩具等休闲娱乐产品的设计中。相比之下，作业工具的设计通常是从至善幸福感的实现意义的角度考虑，例如控制感和胜任。然而，在本书研究中，超过一半的案例包含为愉悦而设定的体验设计目标，并且都与工作意义机制中的个人投入有关。例如，在移动应用程序设计案例中，惊叹体验设计目标突出了移动应用程序独特性的惊喜所带来的峰值体验。类似的，在拖船桥设计案例中，享受体验设计目标是由心流体验引起的，即沉浸在与工具的愉快交互的感觉中。此外，刺激的体验设计目标通过可以吸引人们学习新工具的趣味性和乐趣来突出，如电子学习工具设计的案例所示。因此，个人参与的意义可以引导设计师将这些享受成分注入严肃的作业工具设计中。

为人类繁荣而设计需要平衡且积极的效果，并在愉悦、美德和个人意义方面发挥作用。Desmet和Pohlmeyer进一步表明，如果人们只追求未来的愿望和幸福，那么除非他们分配时间来体验短暂的愉悦，否则可能会自相矛盾地产生痛苦。然而，在与工作相关的设计领域，很多人都强调了至善幸福感的观点，例如动机、绩效和沟通。本研究中使用的工作意义机制证明了这样一种偏见：它与美德和个人意义的关系比愉悦更重要。这可能解释了为什么只有一种机制，即个人投入，它有助于为愉悦而设计。

研究Ⅱ的主要贡献是作业工具的工作积极体验设计框架（图3.2）。该框架基于将工作意义机制映射到积极设计框架的三个组成部分，旨在指导作业工具的设计者实现有意义的体验设计目标：他们设计的起点。由于体验设计的本质是在决定设计之前有针对性的体验，因此我们认为，我们的框架不仅可以为作业工具设计提供灵感，还可以在工作中为与有意义的体验相关的其他类型的设计提供灵感，例如活动设计、服务设计或工作设计。

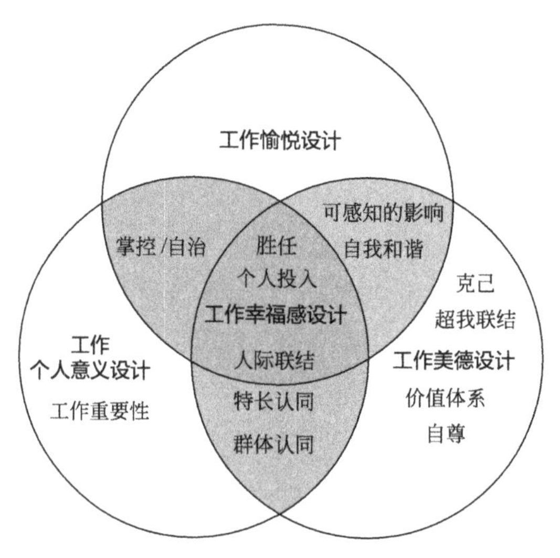

图3.2　工作积极体验设计框架

3.4

小结

工作积极体验设计框架的主要目的是指导设计过程的早期阶段，它可以将作业工具设计的愿景从易于使用的工具提升到有意义的工作体验、蓬勃发展的未来、有动力的员工。该框架帮助设计师设想可以使未来的员工成为道德健全的员工、追求个人目标并享受工作的体验。例如，身份确认机制可以触发未来工作环境的概念，该环境体现了员工任务的重要性（个人意义）并表明了他们的责任（美德）。

积极设计的每个元素下的工作意义机制可以被视为体验设计目标定义的初始来源，在设计过程的模糊前端可以激发灵感并赋能概念生成。对于设计师和其他利益相关者来说，在设想的工作环境中解释体验设计目标意味着什么，以及这些目标如何被运用于协同设计实践以实现工具设计的创新性是至关重要的。没有必要直接从工作积极体验设计框架导出体验目标并生成完全符合它的设计概念。然而，最初的概念应该明确地避免与积极设计的任何组成部分背道而驰，例如，避免引起工作不满、工作中的不道德行为或对员工动机的威胁。因此，一个有效的概念可以充分体现突出的体验设计目标，同时不会损害积极设计的任何方面。

除了指导设计之外，无论是在背景研究阶段还是在评估新设计时，研究人员在研究工作体验时都可以使用工作积极体验设计框架。工作积极体验设计框架可以作为一个以体验为导向的框架，指导工作体验数据收集和数据分析。例如，主题访谈可以关注美德、愉悦和个人意义。这种研究有望对该框架进行补充，特别是在愉悦元素下的新机制。利用工作积极体验设计框架的主旨是提高员工的工作幸福感。在理想情况下，雇主将在他们的工作设计中考虑该框架中的所有元素。一个工具很难实现所有体验，但雇主可以实施一系列工具和服务来解决工作积极体验设计框架中的所有元素。因此，理想的工作场所可能会提供一系列产品和服务，这些产品和服务能够唤起工作积极体验设计框架的各种体验，涵盖并平衡积极设计的三个组成部分。工具制造商可以将工作积极体验设计框架作为业务规划的基础，并作为作业工具和服务的体验设计作品集的设计策略。

4

工作体验设计目标的转译

4.1

工作体验设计的挑战之二：目标转译

在21世纪初期，研究人员引入了体验驱动的设计方法，其中预期的用户体验是设计过程的主要目标，与问题或技术驱动的设计形成对比。工作体验驱动设计的核心思想是在功能和技术确定之前定义预期的工作体验。设计师首先定义设计旨在实现的目标用户的工作体验，然后才决定哪种产品、服务或系统最能实现预期的体验。设计机会空间取决于预期的体验，而不是现有的技术。对于以特定技术建立核心竞争力的公司而言，这是一个激进的尝试。例如，社交联系的体验设计目标可以通过多种方式实现，但开发移动应用程序的公司通常会将设计机会限制在社交应用程序上，很难会转译为如创造单身者游轮体验一样的设想。因此，体验设计的核心命题“先体验后产品”在行业中很少实现。

此外，以人为中心的设计和目标导向的设计已在行业中得到广泛研究。工业情境中的体验设计过程具有与以人为中心的设计非常相似的属性，例如迭代开发、不可预测的过程、用户洞察力、原型设计和同理心工具（如角色）。叙事被用作解释预期体验的工具，然而很少有案例研究将体验驱动的设计活动与工具整合到产品开发过程中，例如在设计过程的不同阶段使用体验设计工具。

这项研究的目的是了解如何将工作体验设计引入重工业公司的作业工具开发中。虽然纯粹的体验驱动设计并不总是可行的，但设计研究团队希望将设计过程从传统的以人为中心推进到以体验为中心，并从解决实用问题转向关注心理需求。设计研究团队使用“体验设计目标”作为将研究知识转化为实践的核心概念工具。体验设计目标表述为一个人对设计的产品或服务的预期瞬间情感或情感关系。因此，体验设计目标比一般的“好”或“愉快”体验更具体。表4.1提供了在本书描述的设计案例中定义的工作体验设计目标案例。早期的研究已经探索了如何定义设计的体验，即体验设计目标设定，因此本书更多地关注体验驱动设计的另一个挑战：如何设计可以唤起这种体验的产品。

本研究的目的是将工作体验设计目标集成到设计过程中，并研究其优缺点。本书专门研究了多学科开发团队如何在尽可能真实的作业工具开发环境中使用工作体验设计目标。通过研究四个案例，阐明了在设计项目中使用体验设计目标的情况，并提出了评估体验设计目标的标准。

表4.1 设计研究案例

案例	设计简介	工作体验设计目标	产出	方法	团队
未来工厂	对未来10～15年工厂的流程控制室和工作实践的广泛愿景	对自动化的信任感；自由感；流程的所有权；与工作社区的联结感	场景视频和交互演示器形式的科幻原型	未来趋势分析和实地考察作为设定工作体验设计目标的基础；在一系列多学科协同设计研讨会中开发体验驱动的科幻原型；通过用户访谈和网络调研进行评估	公司研发人员2名；5名研究人员（系统可用性、体验设计）；视频制作专业人士
起重机智能图形用户界面设计	分析现有起重机操作用户界面如何支持体验设计目标以及仍然缺少哪些功能，并研究如何实现缺少的功能	支持能力；避免焦虑	用于起重机操作的触摸屏图形用户界面（功能原型）	起重机操作员访谈和情感体验框架作为设定工作体验设计目标的基础；场景引导设计；与公司员工进行为期1天的概念设计研讨会；概念的定性评估	公司工程师1人；2名研究员（心理学）；6名工程人员参加概念设计研讨会
远程操作站	一种新颖的远程操作站概念，适用于港口集装箱起重机，具有“远程操作的手感”	操作安全感；控制感；临场感；流畅的协作体验	基于虚拟现实的集装箱起重机远程操作站模拟器（功能原型）	用于工作和领域分析的核心任务分析，用于设置工作体验设计目标和用户要求的系统可用性框架；从这些出发，推导出来设计含义和设计解决方案；通过用户测试中的用户要求评估工作体验设计目标的履行情况	公司可用性专家1名，设计师1名；5名研究人员（系统可用性、心理学、交互技术）
远程电梯控制	作为移动应用程序的复杂建筑物中电梯的远程控制解决方案	控制电梯动作的感觉；减少等待的感觉	用于控制电梯的移动应用程序（功能原型）	该公司和研究人员共同定义了工作体验设计目标；进行移动应用程序的敏捷开发，直到足以进行用户测试	公司研发人员2名；4～6名研究人员（计算机科学、交互技术）

在芬兰重工业UXUS研究项目中，设计研究团队与多家公司合作，将体验驱动的设计引入新产品开发。该研究项目的公司合作伙伴确定了适合体验设计的主题，一组研究人员与每家公司合作，采用适合案例并与团队专业知识相匹配的设计方法。这种设置类似于现实生活中的设计项目，因为项目人员在体验驱动设计方面没有丰富的经验，并且项目受到一些实际限制。

设计研究团队的案例活跃在产品开发过程的不同阶段，虽然它们都只涵盖了产品化之前的阶段。这些案例遵循不同类型的设计流程，从基于场景的设计到迭代敏捷开发。这就是根据流程中不同类型的活动，而不是根据不同的开发阶段来分析案例的原因。遵循传统以人为中心设计流程的结构，设计研究团队将主要活动命名为调研（了解和指定使用环境）、设计（产生设计解决方案）和评估（评估体验设计目标的实现程度）。

第一个活动是调研，所有旨在提高团队对现有任务理解的活动都属于这一类，例如背景研究（采访当前系统的用户、文献回顾），定义和分析体验设计目标或其他类型的设计需求。第二个活动是设计，包括构思和原型制作实际产品概念的生成活动。第三个活动评估，包括评估概念以确定它们是否唤起了预期的体验，以及评估候选体验设计目标的可行性。

在研究计划的早期阶段，设计研究团队开发了设定工作体验设计目标的方法，包含了不同利益相关者的观点，从公司品牌、关于用户的理论知识、对用户世界的同理心、新技术的可能性和挑战，以及更新的愿景中寻求洞察力和灵感。

设计案例在不同的时间点独立执行，但一些研究人员参与了几个案例。尽管从早期案例中吸取的经验教训会影响后续案例，但设计研究团队并不是分析学习过程或设计结果，而是旨在了解体验设计目标在设计过程的不同活动中是如何被转译的。对每个案例体验设计目标利用的分析由参与案例的研究人员回顾性完成。

项目完成后，研究小组报告了他们在主要项目活动中的体验设计目标使用情况和有关设计案例的一般信息，以及如何在三个以人为中心设计活动中使用工作体验设计目标。工作体验设计目标的使用和影响在与所有项目团队代表的几次会议中进行了分析，并根据需要添加了其他详细信息，以使描述更易于比较。

4.2 工作体验设计案例

4.2.1 案例：Metso未来工厂愿景设计

在未来工厂案例中，设计项目旨在实现影响深远的未来概念，其中设想未来工厂工作环境是关键。该项目开始于未来趋势分析，并从专家那里收集对用户和使用环境的理解。据此，在专家研讨会上定义了最初的工作体验设计目标，并由潜在用户进行了评估。除了工作体验设计目标，还设定了“心如止水”的整体体验愿景。如果不了解工厂工作的未来背景，团队就无法定义体验设计目标。因此需要说明该概念的整体未来愿景，即说明工作体验设计目标的科幻原型，用作转换评估工具。综上所述，未来工厂案例很大部分是由调研活动组成的，一套工作体验设计目标是该案例的主要成果之一。

在未来工厂案例中，一项初步的用户研究包括对操作员当前的过程控制工作体验以及他们期望在未来获得的积极体验的研究。因此，工作体验设计目标是在一系列涉及研究人员和公司合作伙伴的多学科协同设计研讨会中定义的。在未来工厂案例中，体验设计目标被期望引导设计朝着积极体验的方向发展，并帮助传达重要的目标。工作体验设计目标在项目中扮演了相当重要的角色，因为它们构成了未来概念和科幻原型的支柱。在设计阶段，为它们开发了未来场景和体验设计目标。未来工厂概念的驱动力是日益智能化的自动化、远程控制的新技术可能性、员工的远程存在以及新的协作实践。设计成果是一组广泛的场景，形成了一个连贯的未来愿景、一个科幻原型和互补的交互演示。工作体验设计目标的优先级基于用户反馈以及产品开发公司对未来技术、社会和商业趋势的看法。在确定优先级之后，设计团队组织了一次头脑风暴会议，将最有趣的工作体验设计目标、用户需求和未来趋势分组，并开发出最初的候选概念。然后使用工作体验设计目标进一步发展概念，特别是描述使用场景。应该注意的是，最初的工作体验设计目标是在共同设计未来场景的同时进行的。在实践中，很难使用工作体验设计目标来缩小设计选项的范围，因为体验设计目标似乎总能产生新的设计可能性和机会。

由于场景的多样性代表了多种工作情况，因此体验设计目标在不同的场景中也有所不同。尽管如此，在这个过程的最后，还是同意了8个主要的工作体验设计目标，并将它们用作工作体验设计评估框架。最终的工作体验设计目标很好地反映了过程控制工作中的用户体验如何专注于工作活动，而不仅仅是工具或用户界面。

在未来工厂案例中，建立了两个互补的用户研究设置，其中包括专家级控制室操作员和过程控制员。在第一个评估设置中，参与者通过嵌入在网络问卷中的视频了解科幻原型（Science Fiction Prototype，SFP）。问卷包括一个活跃了两个月的讨论空间，总共有58位专家参与了网络调研，其中16人是活跃的评论员。参与者是从客户公司中挑选出来的项目的参与公司，他们有长达41年的过程控制工作经验。第二个评估设置包括在市政现场进行的采访。除了通过视频观看 SFP 外，参与者还可以尝试用语音和手势控制演示。评估包括6名年龄在27 ～ 34岁的操作员（均为男性）。

网络调研包括封闭式和开放式问题；访谈设置包括带有用户分析的视频访谈和半结构化访谈。参与者评估了六个视频场景，一次一个。评估设置之间的主要区别在于，在网络调研中，参与者可以选择他们想先看到的六个场景中的哪一个，并发表评论。8个体验设计目标被用作用户评价定量部分的评价框架，要求用户在观看每个视频场景后，通过回答具有5点李克特量表（Likert Scale）的用户工作体验重要性问卷来评估他们是否可以识别体验设计目标。两种研究设置中的用户都回答了与SFP相关的相同开放式问题，此外他们还被要求分析新的交互方法并提供新的想法。在最后一部分，参与者被允许对所呈现的未来控制室环境提供总体反馈。

用户工作体验重要性问卷在评估未来场景的优势和劣势方面非常有效，因为通过使用它，可以了解过程控制专家如何回应被设计的工作体验。网络调研中的访谈和免费评论通过推理预期体验来补充结果。此外，访谈还就以下方面提供了反馈：所提出的概念是否可行、必要和有价值；未来的工作环境是否可以想象和期望；工作体验设计目标是否合意且有价值。

4.2.2 案例：KONE电梯遥控交互设计

远程电梯控制案例与未来工厂案例完全不同。由于公司已经对要设计的系统有清晰的愿景，因此在项目一开始就同意了体验设计目标。工作体验设计目标基于团队成员多年从专业领域中获得的用户需求知识，因此，调研活动的重点是如何在给定的情境中实现工作体验设计目标。在这种情况下，更具体的设计含义被定义为调研活动的结果。在远程电梯控制案例中，团队从早期的用户研究中获得了广泛的用户理解，因此没有具体的背景研究。然而，将现有知识转化为工作体验设计目标有助于明确项目的目标，讨论这些目标会影响设计团队的总体思路和对设计要求的理解。

在远程电梯控制案例中，工作体验设计目标在项目开始时被迅速设定，由其指导了初始构思阶段，并提供了共同的情景和对项目目标的理解。在这种情况下，整体设计解决方案是在项目（移动应用程序）开始之前确定的。这就是工作体验设计目标在设计中没有像技术可行性或基本可用性那样发挥驱动作用的原因。

在远程电梯控制案例中，实际上在设计阶段，工作体验设计目标的使用仅限于提供共同的情境和对项目目标的理解。在评估期间，从工作体验设计目标和用户反馈中获悉，迭代软件开发过程中的实际日常设计决策往往更多地基于案例的实际考虑，例如可用的技术平台及其特性和缺陷。例如，与大多数工作体验设计目标一致的定时电梯呼叫功能必须实现在指定时间呼叫电梯，而用户不能设置电梯到达大厅的时间，因为在技术上无法支持所需的功能。虽然工作体验设计目标并不经常直接影响设计活动，但它们与根据用户评估结果更改的设计活动相关联。例如，添加基于规则的预测楼层选择、改进的电梯呼叫状态反馈和物理触摸界面，可以减少等待的感觉，培养更好的电梯系统控制感，并提供更好的指引。应用工作体验设计目标的挑战之一是无法将它们实现到理想的程度。许多由工作体验设计目标激发的想法因其复杂性、不切实际的技术要求或不确定的稳健性而被否决。

电梯控制系统的第一个原型经过了最初的用户体验评估和随后的长期评估，有四名参与者。根据这些研究的结果，对原型进行了改进和新功能开发，此后组织了更大规模的长期评估。

在最初的用户评估和更大规模的评估中都使用了调研期望和用户体验的问卷。两次都使用了SUXES（User Experience Evaluation Method for Spoken and Multimodal Interaction，语音和多模态交互的用户体验评价方法）。工作体验设计目标的某些方面已经被方法中的现有项目覆盖。例如，如果用户使用该应用程序体验到快速、愉快、清晰等感觉，就会增加用户对电梯系统的控制感。因此，体验设计目标是用这些陈述间接评估的，尽管没有明确衡量标准。但是，在后面的评估项目中添加了明确对应于工作体验设计目标的条目。背景信息问卷询问了参与者对等待电梯的感受，以及是否觉得必须等待很久。对于期望和体验问卷，设计研究团队构建了三个额外的语句来直接根据设定的工作体验设计目标评估设计：一是使用该应用程序时我能够更好地控制电梯；二是使用该应用程序缩短了我等待电梯的时间；三是使用该应用程序可以加快我的日常工作。

用户研究的结果明确了有助于实现工作体验设计目标的其他设计要求：为用户提供真正的价值，让用户了解系统状态，并确保控制的可靠性。后者相当实用，并且很容易提供如何在有效设计中操作它们的示例，而前者类似于设计概要中提供的体验设计目标。

4.2.3 案例：Konecranes远程操作站界面设计

在远程操作站案例中，已定义的工作体验设计目标被用作现场研究中采访起重机操作员时的问题基础。例如，关于控制感，研究人员询问了操作员在起重机操作中对实现良好控制感很重要的因素的看法。通过这种方式，团队还可以收集有关提议的工作体验设计目标是否正确的反馈。根据采访和实地研究的结果，设计研究团队为所选体验设计目标定义了详细的设计含义。设计含义描述了在新产品中启用每个工作体验设计目标的具体方法。远程操作站案例经历了以下过程：调研，设计工作体验设计目标和用户需求，设计推断，设计解决方案。每个定义的用户需求也与适当的工作体验设计目标相关联。这样，所有基于这些要求创建的设计解决方案都可以追溯到最初定义的工作体验设计目标。

在远程操作站案例中，借助已定义的设计含义，设计研究团队设法产生了符合工作体验设计目标的解决方案。概念设计活动包括几个协同设计研讨会，所有项目合作伙伴都有机会展示他们的想法。为了让设计研究团队专注于正确的问题，从实地工作中获得的结论、工作体验设计目标、用户需求和设计含义都在每个设计研讨会开始时进行。在这些研讨会之后，一些最有潜力的想法被合作实现为各种低保真原型。在此过程中，考虑和迭代了许多替代设计解决方案和技术可能性。评估设计结果的迭代方法使设计团队能够快速转向一个基本的远程操作站概念，在该概念中改变不同的特征以微调概念。为了支持这项活动，该团队构建了一个基于虚拟现实的原型，并在两个不同的阶段进行了评估。该原型的用户界面是根据定义的工作体验设计目标和要求迭代开发的。然而，在用户界面设计阶段并没有像在概念设计阶段那样强调工作体验设计目标。

对20名大学生的第一阶段评估，调研了如何以及是否可以通过触发力反馈或视觉增强，来提升有关远程操作站模拟器界面的用户体验。在这里，团队特别在问卷设计中强调了工作体验设计目标。由于全球范围内目标用户的数量非常少，甚至领域专家也只能在少数几个选定的地点获得，因此第一阶段评估是对20名大学生进行的。此时的目标是评估如何以及是否可以增强远程操作站模拟器的用户体验。例如，根据从第一阶段评估收到的结果，触发力反馈的事件数量减少了。总体而言，结果影响了支持体验设计目标的用户界面解决方案的改进以及实施选项之间的选择。

经过进一步的研发工作，6位工作领域专家一起对原型系统进行了另一项评估研究。本研究的目的是比较两种不同用户界面概念的工作体验，并接收有关安全操作体验、控制感和临场感等体验设计目标在开发的远程操作站原型中的实现情况的反馈。

第二次评估是使用远程操作站系统的模拟器版本进行的，该系统使用两个工业操纵杆和一台平板电脑进行操作。放置在操作员办公桌上的32英寸（1英寸＝2.54厘米）显示器提供了主要操作视图，其中包括虚拟现实摄像机视图和模拟真实的操作数据。

为了评估最初定义的工作体验设计目标和用户需求如何通过评估的原型实现，团队使用了不同方法的组合：访谈、问卷调研、有声思维和任务绩效指标。为了评估系统是否满足所选工作体验设计目标，使用了可用性论据（Usability Cases，UC）方法。根据UC方法，从用户研究中收集的数据针对每个定义的用户需求（即UC中的子声明）进行了仔细分析，以确定是否找到了关于满足每个需求的正面或负面累积证据。这种方法基于从证据中得出的论点。在满足不同用户需求的基础上，可以确定是否满足了某个工作体验设计目标（即UC中的需要）。如果满足了与某个目标相关的大部分用户需求，那么就可以说工作体验设计目标已经实现。除了这种基于证据的推理之外，UC方法还提供了有关被评估概念的可用性和用户体验的数据。这些结果为未来的设计概念发展提供了反馈。

评价结果表明，被评估的概念既有积极的一面，也有消极的一面。最终概念解决方案的设计应基于两个评估概念的积极方面。根据结果，当前版本的系统不支持安全操作体验和临场感。很难用开发的原型评估这些目标的实现情况，因为操作是在虚拟世界中进行的，没有人的生命处于危险之中，并且呈现的摄像机视图不是真实的。尽管事实如此，但是在结果中明确支持控制感这一体验设计目标的实现，例如使用的操纵杆被认为足够牢固，并且可以凭借适当的操作感控制起重机。此外，可以自由决定何时开始和停止操作，以及通过操纵杆轻松调整操作速度的可能性，被认为是支持控制感的积极特征。

总的来说，目前的原型系统还没有实现最初定义的“亲身实践远程操作体验”的主要体验愿景。在未来的发展中，对未满足的设计要求应认真调研，并给予充分的解决方案。这样，最终的远程操作站系统也可以更好地满足定义的工作体验设计目标。

4.2.4 案例：Konecranes起重机智能图形用户界面设计

智能图形用户界面设计团队基于31名起重机操作员的访谈，开发了一套初始的工作体验设计目标和设计启发式方法。工作体验设计目标是“能力支持”和“避免焦虑”。设计启发式方法被定义为解释设计的工作体验设计目标，类似于远程操作站案例中的设计含义。例如，工作体验设计目标“胜任”与启发式方法“为中级用户设计，但为专家提供捷径”相关联。工作体验设计目标和启发式方法之间的联系是在用户研究之后建立的，例如，胜任被发现与理解任务的目标有关，并且不受系统执行这些任务的限制。启发式方法是任何设计解决方案的一般规则，而设计含义是要包含解决方案的更多要求。例如，“临场感”体验设计目标被解释为关于操作视图和听觉反馈等几个设计含义。

智能图形用户界面设计团队组织了一个设计研讨会，起重机设计师作为参与者，对用于操作自动化电动桥式起重机功能的新界面进行概念化。在研讨会开始时，向研讨会参与者介绍了工作体验设计目标、它们的详细描述以及用于评估可能的概念对目标的支持程度的启发式方法。参与者被分配到涉及控制器概念的特定设计问题的团队中。团队需要使用工作体验设计目标证明每个解决方案的合理性。

研讨会的结果针对给定的设计问题提供了许多解决方案。然而，基于工作体验设计目标的解决方案的合理性在概念中是不可见的。在下一步中，将各个解决方案整合在一起，并制成用于自动化电动桥式起重机功能的原型控制器概念。这时，使用一组启发式方法评估整个解决方案，在分析阶段明确体验设计目标很重要。

尽管研讨会团队被要求通过参考工作体验设计目标来证明他们的解决方案的合理性，但研讨会参与者在研讨会结束被问及这个问题时不确定体验设计目标对他们的想法有多大影响。研讨会开始时对工作体验设计目标的介绍很可能为概念化提供了一些想法和通用框架，但体验设计目标并未明确呈现。其原因的一种可能性是体验设计目标“能力支持”和“避免焦虑”过于抽象，无法理解；而启发式方法可能过于具体和详细，无法为新想法提供空间，无法为给定问题的具体设计解决方案提供操作化服务，也许不检查这些概念将如何确切地影响或以其他方式与体验设计目标相关联。另一种可能性是体验设计目标的情境不够丰富，也就是说，明确运用体验设计目标需要针对他们进行更多的情境叙述。然而，当设计研究人员结合研讨会结果产生最终概念时，更仔细地评估了与工作体验设计目标相关的概念是如何进行的，并且每个概念都明确地与目标相关联。

智能图形用户界面设计团队使用工作体验设计目标的启发式方法评估了初始设计概念，并在现场实验中使用原型对最终概念进行了评估。来自现场实验的数据包括在原型控制器测试期间收集的有声思考记录，以及实验后进行的采访。现场实验的参与者被分配了任务，并且必须使用原型控制器来完成。这些任务的设计是为了测试原型的各个方面。虽然这些任务并非旨在直接评估能力支持或避免焦虑，但期望操作员能够在任务期间反思他们的情绪状态。

两个工作体验设计目标都用于创建访谈问题。有确定性、有明确的任务目标、了解界面使用中的每一步、不必执行看似不必要的动作、能够自由操作起重机、不产生怀疑和困惑、不为自动化功能感到焦虑等主题，与能力支持和避免焦虑这两个工作体验设计目标有关。

使用协议分析方法对参与者有声思考的内容进行分析，其中重点放在参与者的思维错误上，这些错误主要与原型用户界面的可用性有关。在协议分析中不使用工作体验设计目标的原因是协议与目标无关。协议详细且以任务为导向，目标更能描述用户在整个工作日内的一般情绪状态。实际测试之后的访谈更适合评估这些概念与工作体验设计目标的关系。当然，评估任务很短，并且在情境中有所减少，所以关于工作体验设计目标的很多反馈都是假设性的，真正的结果将需要更现实的设置和更长的时间段。

评估的结果提出了五个具体的设计变更处和五个结论点。虽然大部分与概念细节相关的点，都可以与体验设计目标间接相关。然而，在评估的这些结论点中没有明确提及任何一个工作体验设计目标。

4.3 案例讨论

4.3.1 体验设计目标在调研活动中的功用

通过调研活动，开发团队旨在了解用户、其他利益相关者、使用环境、未来趋势、竞争对手以及任何有助于为特定目的设计良好交互概念的事物。这些活动的结果不仅可以包括工作体验设计目标，还可以包括其他用户需求，以及对情境的理解。这些结果可以进一步解释具体的设计含义。与定义设计内容的一般需求相比，工作体验设计目标定义了设计产出对于体验者的感觉。

在上述四个案例中，设计研究团队可以确定调研活动的三种不同的功用，如图4.1所示。当调研完成，了解什么是可能的最佳体验时，体验设计目标可以成为分析的最终结果（图4.1，类型1）。体验设计目标也可以在分析的过程中定义，并在额外调研期间进一步确定（图4.1，类型2）。如果在初始设计概要中定义了体验设计目标，则所有分析活动可以集中在了解如何在指定的情境中实现体验设计目标（图4.1，类型3）。分析和体验设计目标识别之间的一般相互作用可以遵循这些路径中的任何一条，并且体验设计目标可以在设计和评估活动期间被不断定义和完善。

虽然图4.1是对实际的、更多的迭代过程的简化，但它可以在体验设计目标定义的方式上阐明案例之间的总体差异。未来工厂案例属于第一类，远程操作站和智能图形用户界面设计案例属于第二类，远程电梯控制案例属于第三类。

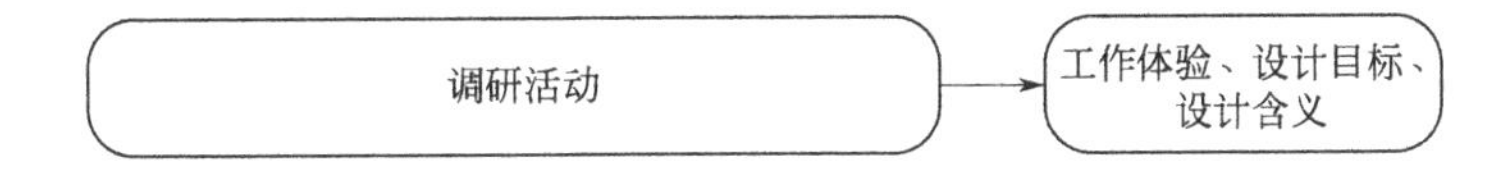

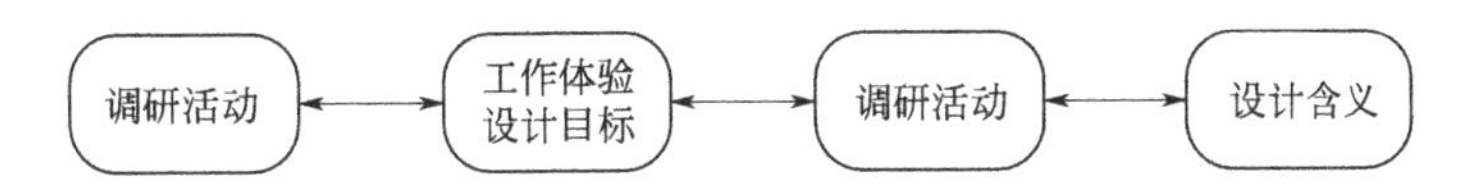

图4.1 调研活动与工作体验设计目标之间的相互作用

4.3.2 体验设计目标在设计活动中的功用

设置体验设计目标的初衷是为了指导设计。在实践中，体验设计目标并未脱离实际而使用，但各种其他引导也会影响设计解决方案。在远程操作站和智能图形用户界面设计案例中，调研活动将体验设计目标解释为对设计活动的具体设计含义。在远程电梯控制案例中，体验设计目标用于在设计团队中创建和维护体验设计思维。在未来工厂案例中，体验设计目标是类似于未来场景的设计结果。体验设计目标在设计决策中的不同功用将在下面描述。

根据这四个案例的经验，设计研究团队可以得出结论，即使体验设计目标会像远程操作站和智能图形用户界面设计案例那样被解释为具体的设计含义，保持对体验的关注也是具有挑战性的。体验设计目标对于设计师来说可能过于抽象而无法输入，而过于具体的解释（例如启发式）可能不会为构思留下空间。然而，即使没有关于体验设计目标如何指导设计的具体证据，它们也有助于保持设计团队的体验思维。这发生在远程电梯控制案例和智能图形用户界面案例中。在理想情况下，体验设计目标构成了整个设计的支柱，就像在未来工厂案例中发生的那样。这样，体验设计目标与设计概念一样重要，体验设计目标不仅反映用户交互，而且反映大体的工作体验。

4.3.3 体验设计目标在评估活动中的功用

评估活动包括对生成的想法、草图、原型或实际产品的测试。作为以人为本的设计过程的一部分，评估中的体验设计目标可用于研究设计是否唤起了期望的体验，以及目标体验是否是用户想要的。设计研究团队所有的案例都研究了前者，但后者仅出现在未来工厂案例中，并研究了体验设计目标是否被需要和有价值。每个案例都有一个挑战，即体验不是研究的唯一方面，因此体验评估方法必须与其他方法相结合。正如远程操作站案例中所确定的，体验评估需要对实际工作环境进行现实设置。操作用户界面的原型不会提高与工作相关的体验，例如胜任感或存在感。

设计研究团队报告了四个体验设计目标驱动的案例，都涵盖了以下三个以人为中心的设计活动：调研、设计和评估。虽然在每种情况下用户工作体验都很重要，但只有未来工厂案例能够在产品开发之前定义体验设计目标。在其他情况下，产品在设计简介（表4.1）中被定义，但确切的功能仍有待讨论。

设计研究团队在调研活动中投入了不同数量的资源：当团队熟悉环境和用户时，他们可以很快就体验设计目标达成一致，例如远程电梯控制案例。另一个极端是未来工厂案例，它研究了可能的未来并开发了与未来情景类似的体验设计目标，体验设计目标和情景都在过程中进行了评估、改进或重新定义。从体验设计目标到最终科幻原型的过程并不简单，因为体验设计目标随着未来愿景的改变而改变。虽然体验设计目标旨在帮助关注关键体验，但在未来工厂案例中，它们实际上扩大了关注点。似乎项目目标越超前，最终结果越开放，定义体验设计目标所需的时间似乎就越多。大多数案例要么有一个高级体验愿景（远程操作站和未来工厂），要么有两个主要的体验设计目标（智能图形用户界面设计）。这些可能比一长串体验设计目标更容易被设计团队分享和记忆。如果有多个体验设计目标，那么定义一个统一的体验愿景可能有助于共享和记住总体目标。

一旦定义了体验设计目标，就需要在衍生式设计活动中对其进行操作。在设计中，设计研究团队接受了三个不同的挑战：找到体验设计目标的适当抽象级别，将体验设计目标转化为适当的设计指导，以及指导并保持对体验的关注。首先，设计研究团队的经验表明，体验设计目标在创建和维护体验思维方面表现良好，但为体验设计目标找到合适的抽象级别具有挑战性。高层级体验设计目标不足以指导设计，但过于具体的基于体验的启发式方法，如智能图形用户界面设计案例，可能会阻碍新的构思。其次，远程电梯控制案例显示了将体验设计目标以及从用户需求中产生的更普遍的见解转化为可操作的设计解决方案的困难。在小型开发团队中，虽然在开发过程中团队内部讨论了将体验设计目标转化为设计解决方案的方法，但最初的体验设计目标并未正式处理为一组特定的设计含义。因此，体验设计目标只为设计提供了一般性指导（例如，提供远程控制机会和减少等待的感觉），同时为设计师留下了很大的自由来实现这个概念作为实用的设计解决方案。另一方面，在远程操作站案例中，从体验设计目标到设计解决方案使用了一个详细的过程。这种过程的好处是可以将设计解决方案追溯到体验设计目标以进行验证。但是，潜在的缺点是使用设计人员和开发人员不熟悉的新流程或许会增加设计流程的开销。需要更多的研究来探求在哪些条件下体验设计目标可以转化为设计含义，以及关系的复杂程度。最后，未来工厂案例展示了体验设计目标如何成为开发产品概念体验品质的支柱。虽然体验设计目标的使用成功地将设计重点转向了工作体验，而不是交互的感觉，但是观察这个重点是否可以在后续的产品开发过程中保持下去将会很有趣。

关于评估活动，体验设计目标成功地用于规划评估。例如，智能图形用户界面设计案例中的访谈问题和远程电梯控制案例中的附加调研问题都是基于体验设计目标的，而未来工厂案例中使用工作体验重要性问卷有助于评估预期体验是否实现以及体验如何被重视。然而，根据体验设计目标评估设计结果并不简单。体验设计目标只是更长的设计要求列表中的一部分，它们并不总是评估的重点。例如，一些团队习惯于使用某些仅提供体验设计目标间接反馈的问卷。此外，针对体验设计目标测试初步原型被证明是困难的。功能性、语境性和美学上的缺陷将注意力引向了体验的实用性而非情感性方面。

最初，设计研究团队期望体验设计目标作为满足体验设计要求的评估标准，但研究案例表明，对设计概念的评估有时需要重新考虑体验设计目标本身。对体验设计目标的验证比研究项目预期更具挑战性，最终设计研究团队的案例可以证明体验设计目标有助于设计实践聚集于体验方面。

诸如上述报道的探索性研究有助于制定未来的研究框架。据此，设计研究团队制定了评估体验设计工具（例如体验设计目标）在现实设计中有用性的初步标准（表4.2）。

表4.2　评估体验设计工具有用性的标准

设计活动	评价标准
调研	换位思考; 与不同的利益相关者分享体验设计目标
设计	创造有意义的体验概念; 将设计选择追溯到预期体验
评估	定义设计体验方面的评估标准; 评估设计是否朝着预期体验迈进
总体	将体验方面与其他设计方面（技术、安全等）相结合; 让体验设计更加系统化，实现持续改进; 提升设计成果的用户工作体验

4.3.4 限制与结论

本章所研究的案例有许多影响工作体验设计目标转译的外部限制，因此这些案例并不意味着可以作为模范示例。然而，设计研究团队特意想在现实情境中研究工作体验设计目标，并了解情境如何影响工作体验设计目标的转译。因此，这项研究的真正局限性不在于情境，而在于没有完全分离关注点的研究设置：研究人员没有将设计任务完全分配给公司员工，而是完成了一半以上的工作。在某种程度上，这接近于分包，这是工业产品开发中越来越普遍的情况。一个非常有趣的未来研究方向是在常规的公司中研究工作体验设计目标的转译。

行业中设计项目的多样性和现实生活中的限制，使得公司很难将任何给定的体验驱动的设计方法作为一个严格的过程来采用。设计研究团队的研究表明，体验设计方法同样适用于工业产品开发中的可用性测试：设计研究团队应该关注“配料”和“膳食”（设计内容），而不是“食谱”（设计程序）。设计研究团队将工作体验设计目标作为一种成分添加到设计项目中，并遵循它对过程的影响。然而，设计研究团队无法分析工作体验设计目标是否使结果更好，因为实际上不可能运行一个受控实验来比较有和没有工作体验设计目标的工业设计过程。相反，设计研究团队通过三个设计活动分析四个设计案例来报告设计过程中工作体验设计目标的转译情况。设计研究团队处理从设计学科到设计实践的知识转译，因此设计研究团队的发现具有科学和实践意义。设计研究团队总结了每个典型活动的主要优势和挑战以及未来的相关研究课题，具体如下。

尽管工作体验设计目标最初旨在帮助设计活动聚焦在体验上，但这项研究发现，体验设计目标还可以通过为用户研究提供框架或通过明确对用户的共情理解来服务于调研活动。调研活动中的主要挑战与体验设计目标的定义有关。本书第三章已经介绍了设置体验设计目标的可能来源并定义了体验设计目标启发过程。工作体验设计目标案例可以帮助设计师获得灵感，事实上，存在许多为此目的而设计的体验或情感卡片集。未来的研究仍然需要调研不同的格式、抽象级别，以及表征体验愿景、体验设计目标和设计含义的层次结构。

关于设计活动，高层级体验设计目标支持在设计团队中创建和保持体验心态。主要挑战是从高层级体验设计目标到实用设计解决方案的转译。对于经验丰富的交互设计师或设计研究人员来说，这可能不是问题，但对习惯于解决特定技术挑战的开发人员来说，需要将高层次的体验设计目标转化为更具体的设计指南。在远程操作站案例中，成功地试验了从体验设计目标到设计解决方案的特定过程。智能图形用户界面设计将体验设计目标具体化为场景。其他已知的解决方案包括体验模式和常用体验设计目标的设计策略。未来，分析体验设计目标转译的研究应该注意培养开发团队的同理心，从体验设计目标中导出设计需求的手段，以及在整个设计过程中跟踪体验设计目标的转化与实现。

最后，体验设计目标成功地用于规划评估活动，并且有潜力成为体验设计评价标准。然而，设计研究团队的评估活动面临着一些挑战。未来研究中要解决的主要挑战是找到针对体验设计目标评估的方法，并在设计过程中尽早进行。

这项研究弥补了将方法研究与实际产品开发项目相结合的体验设计研究缺失。设计研究团队创建了由研究人员和行业专业人士组成的项目团队，并让项目工作遵循团队的典型结构。主要干预是将工作体验设计目标引入设计过程，记录这一研究过程将有望帮助其他人在未来进行类似的研究。基于这项探索性研究，设计研究团队得出了旨在改善行业体验设计流程的工具的标准。这些标准将有助于体验设计工具的开发人员，并为研究人员在未来进行类似的研究提供基础。

设计研究团队的案例是在与公司合作中引入工作体验设计目标的初步尝试，因此结果并非最佳，尽管如此，该研究促成了三种已成功投放市场的产品：起重机智能图形用户界面、起重机远程操作平台和远程电梯控制。公司利益相关者认为，工作体验设计目标是一种非常有前途的技术，可以帮助团队专注于用户的工作体验，他们也有动力在其他项目中使用体验设计目标。其中一个原因是，专注于体验为组织更新和差异化提供了非凡的可能性。然而，如果未来的研究计划将“体验先于产品”的理念引入行业，则研究产品开发项目可能不是一开始的重点领域。公司在产品开发开始之前就计划好他们的产品组合、技术路线图和市场战略，这意味着体验设计目标应引入战略行动。公司层面的体验设计目标可能是实现上述策略的一种方式。

4.4 工作体验设计目标的转译流程

上文介绍了如何在不同的重工业体验设计案例中系统地定义、转译和评估用户工作体验设计目标的实证案例。在实证案例中，工作体验设计目标被视为使以人为中心设计和体验设计更加集中、结构化和系统化的一种设计工具。

根据实证调研的结果，设定合适的用户工作体验设计目标可以为设计人员提供对系统用户适当的移情理解。为了让设计团队（包括用户研究中的用户）深入了解指定的用户工作体验设计目标，可以将它们转译到场景中并进行可视化。在设计之初设定正确的工作体验设计目标，是在实际使用中与系统整体一起开发的良好用户工作体验的基础。当最终的用户工作体验设计目标被确立时，应该进一步解释它们的具体设计含义。

在设定目标并在目标情境中定义其设计含义后，概念创意的产生可能会在不同类型的协同设计研讨会中进行。在这些研讨会上，基于对先前阶段的理解产生新的概念创意，用户也可能是该设计活动的一部分，例如参与式设计或协同设计方法。

产生的概念应该展示所提出的解决方案的具体好处和用户期望的工作体验。概念解决方案还需要满足早期阶段定义的要求。在实践中，这些概念解决方案应该可以追溯到设定的用户工作体验设计目标，最终结果也可以是一个新的操作概念。为了演示操作概念，此阶段的结果可能包括低保真草图、场景故事和不同细致程度的模型。

在设计解决方案产生后，需要对其进行评估，潜在用户最迟在这个阶段参与进来。例如，可以通过用户焦点小组访谈进行评估，这有助于识别所提出概念的弱势和优势，以便选择最佳概念进行进一步发展。另一方面，个人深入的用户访谈可以提供见解，特别是关于增强某些特定概念的想法，以及确保所提出的解决方案在计划的情境中使用。

根据评估结果，可以创建最终概念。该概念通过技术系统提供了未来活动的愿景。例如，最终概念可以在不同利益相关者的图片中可视化。图形可视化作为一个具体且易于掌握的边界对象来分享概念背后的想法。通过这种方式，还可以从利益相关者那里收集用于实际系统开发的进一步结构化反馈。最终概念中的更多交互性可以通过交互式原型系统添加。例如，在起重机远程操作系统案例中，为此目的开发了一个基于虚拟相机视图的原型。

一般来说，具有用户工作体验设计目标的体验设计活动也应该融入系统开发的后期阶段，例如，将它们与敏捷软件开发方法相结合。此外，在系统实施后，应该系统地分析用户工作体验因素和反馈。然而，由于本书的范围处于以人为中心设计的早期阶段，因此这里不讨论这些后期阶段的细节。工作体验设计目标在体验设计过程中的演变可以分为以下步骤。

（1）洞察结果

例如，进行用户研究以深入了解什么样的用户工作体验让目标受众感到高兴。如果该系统的目标是激进或未来主义的使用方式，则还需要研究合适的趋势。

在确定一组可能的初始用户体验设计目标时，可以利用早期收集的用户数据、适当的理论基础和趋势研究。

（2）明确用户工作体验设计目标

识别和设置工作体验设计目标，例如，基于前期用户研究和趋势预判，明确用户体验工作愿景。早期用户研究应在尽可能现实的环境中进行，以验证已确定的用户体验设计目标，并尽可能找出更多相关的用户体验设计目标。

应根据用户研究结果将收集到的广泛的已识别用户体验设计目标缩小到为设计工作设定的最重要目标。

(3) 定义设计含义

定义用户工作体验设计目标对相关特定环境的设计影响。

一旦为设计项目设定了用户体验设计目标，就应该详细定义所选目标在特定使用环境中的含义（即定义用户工作体验设计目标的设计含义）。

应根据获得的用户研究结果，考虑与设定的用户体验设计目标相关的可能要求。

工作体验设计目标应在实际产品开发进行之前指定，但也可以在设计期间进行迭代修改。

应描述指定的用户工作体验设计目标，以便所有利益相关者能够对其定义和含义达成共识。

一方面，用户体验设计目标应该被描述得足够精确，以使它们对设计师来说是可行的；但另一方面，用户体验设计目标应该足够宽泛，以便为创造力留出空间。

应该描述工作体验设计目标背后的原因（即为什么），因为设计师需要选择适当的方式（即如何）来传达体验（即什么）。

应该规划使用何种手段（即设计成果或人工制品）将用户体验设计目标传达给相关利益相关者。

(4) 进行概念设计

在新概念的构思中利用用户工作体验设计目标，创造新概念和/或原型。

工作体验设计目标应在协同设计研讨会开始时提出，并在设计理念的产生中充当指明灯。

当设计团队理解更多关于情境和体验设计目标的相关性时，体验设计目标可以被迭代。

(5) 评估

根据用户评估研究结果，评判生成的设计和用户工作体验设计目标的实现情况。

应该计划如何将设计解决方案追溯到定义的用户体验设计目标，以便能够评估设计工作不同阶段的目标实现情况。

工作体验设计目标应该是可操作的，并且应该为针对目标的反思评估选择适当的指标。

上述方法非常符合ISO 9241-210（2010）标准中定义的以人为本设计流程的活动。一种观点是，上面的步骤（4）和（5）应该迭代，直到找到满足用户需求的最终概念，并找到工作体验设计目标。另一种观点是，即使无法实现设定的用户体验设计目标，它们仍然可以被视为一种有益的方法，因为它们已经在正确的方向上指导了设计过程。在评估阶段，用户体验设计目标本身也可以验证它们是否是用户想要的体验。这种专业背景下的评估，要求评估中的专家用户尽可能接近潜在的真实用户（例如某个工作领域的专业人士）。

基于上述思考和结果，工作体验设计目标转译过程也可以从将其集成到以人为本设计过程的角度来分析。图4.2从用户工作体验设计目标转译的角度描述了以人为本设计过程（带有直角矩形），根据上文的实证研究结果，添加了与流程不同的用户工作体验设计目标相关活动相关的关键点（带有圆角矩形）。

最后，基于实证研究案例，也可以说用户体验设计目标的贡献之一是伦理设计实践的进步。由于体验设计目标关注人类用户的工作体验，还提高了不同利益相关者对与用户相关的影响因素（例如工作条件）的认识和更好的同理心，并旨在改善促成这种体验的因素。因此，在系统、产品和服务的设计和开发过程中，使用用户工作体验设计目标可以对真实的人类体验产生积极影响。通常，设计标准像是一个“骨架”，为实际设计项目提供宽松的指导。从图4.2可以看出，体验设计目标可以为以人为本设计一般性和抽象性指南、方法和流程带来“肌肉”。

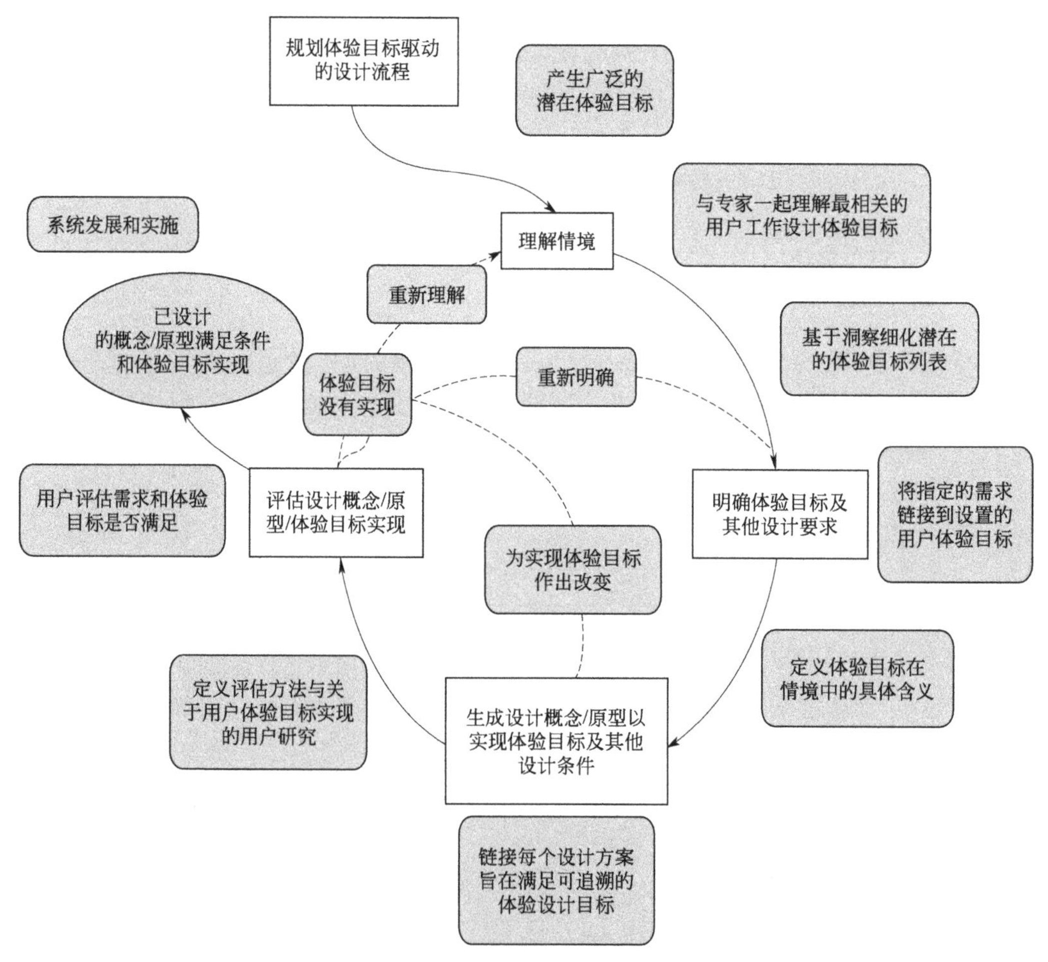

图4.2　工作体验设计目标的转译流程

（工作体验设计目标在图中简称“体验目标”）

4.5 工作体验设计目标作为创造性的设计工具

以工作体验为中心的设计考虑将体验设计目标优先于工作触点的功能和技术要求，并启用可能性驱动的设计方法。然而，工作体验难以捉摸和复杂的本质使得设计实践在设计进程中难以专注于体验设计目标。因此，设计研究团队针对这一挑战，将体验设计目标视为一种设计工具，探索其在创意设计实践中的潜在功能。

设计研究团队对八位体验设计研究专家进行了半结构化专家访谈。首先，向专家展示学生案例，因为该案例是新方法的说明示例，可以为调查受访者提供参考，借此获得专家对体验设计目标驱动设计方法的评论。然后，请专家介绍自己参与的一个与体验设计目标相关的设计案例。最后，以采访专家对如何进一步发展该方法的建议结束。

在访谈中，有三个主要问题：如何看待体验设计目标驱动的设计方法？如何设定有意义的体验设计目标并在项目中实现？为体验设计目标驱动的设计方法开发什么样的工具或技术？访谈中并没有向他们介绍现有的设计理论模型，而是根据自己的实践和理论背景，评论并建议如何将体验设计目标嵌入设计实践中。因为该访谈旨在收集来自不同角度的反馈，并扩大设计研究团队对体验设计目标潜在利用的理解。

4.5.1 专家访谈数据

受访者主要在以下四个设计活动中关注体验设计目标：背景探索、概念生成、概念评估和概念实施。每个活动都有来自两个或多个受访者的评论，每个发现只提供一段引语以节省篇幅。

(1) 背景探索

体验设计目标设置中的三项不同活动源于受访者对其设计项目背景探索的经验，以简明扼要的起点产生想法、系统地理解情境以及从设计师的初始想法中得出目标（表4.3）。

表4.3 “背景探索”阶段相关洞察

背景探索包含的活动	体验设计目标设定的相关要点
采用简明扼要的起点	•引出关键利益相关者的潜在梦想和关切 “以来自邦德电影的比喻Mr.Q来表达一个系统如何实现自豪体验设计目标作为讨论的起点真的很好，因为这是梳理动机、期望和诸如此类的概念的好方法……”

续表

背景探索包含的活动	体验设计目标设定的相关要点
采用简明扼要的起点	•设计目标需要简洁并保持开放的想象空间 “视觉是抽象的……视觉可以有多种解释。所以，这对我来说很抽象，但访谈中的这些东西变得具体了。如果他们使用隐喻，那么你可以问这是什么意思。实际上，你可以深入了解他们实际上说了什么，他们拥有什么，他们想要什么，他们错过了什么，他们不确定。就我个人而言，这些东西可以更好地作为设计灵感，如此广阔的抽象视野。”
	•体验设计目标可以直接来源于持久并有意义的元素 “如何根据……品牌做出设计决策，如果你有品牌体验的话。基本上，它开发了获取品牌的方法，与品牌合作，尝试了解品牌的价值，并将品牌转化为特定的接触点，基本上是客户与品牌之间的互动。” 一个给定的典型案例是为老年人设计监控系统，它以公司品牌口号“安心”作为整个项目的支柱：“那绝对是投资者一开始就创造的唯一元素……客户说这完全是为了安心。”
系统性地理解情境	•采用组件化的服务设计思维方式 “你总是可以查看这个过程的各个部分，并说从这里到所有参与者所拥有的过程中的所有点都有关系。那么它就像一种组件化的思维方式。”
	•将最初对用户的关注扩展到多个参与者的关系，并从流程的一个孤立部分扩展到整个产品服务生命周期 “如果学生有机会与其中一位推销员交流，他们会询问这些推销员从被要求向客户推销产品到基本处理交易的过程是怎样的。”
	•就目标选择标准达成的协议可以预先形式化和结构化 “来自不同背景的人可以提出标准，标准应该导向一个目标、一个愿景，然后你知道什么是愿景的基础。”
从初始想法中得出目标	•将体验愿景初始化为一种比喻 例如，一位受访者分享了设计师考虑项目提案并将体验愿景初始化为“感觉像是一场寻宝”的案例。在这种体验愿景的指导下，设计师定义了几种体验品质，例如尊重儿童、同情、平等、质疑权威、尊重文化、尊重自然、好奇心、打破常规。“这是设计师驱动的，因为它始于我的想法‘感觉像寻宝’的愿景。设计研究团队从一个焦点开始。当你设定目标时，这是一种融合……它们都很繁荣。这些主题目标，是某种初始框架……设计研究团队可以将这里的初始主题目标看作是一盏灯，如果设计研究团队像这样在这里放一盏灯。这是一盏明亮的灯，可以显示这里的整个空间。”
	•设计人员可以使用理论工具从不同的设计方面识别体验设计目标 例如，一位受访者介绍的框架包括实用、沟通、审美、组织和道德品质维度：“我使用现象学分析来识别用户体验设计目标。无论如何，我会为体验设计目标和用户体验设计目标做这些层次结构的手段——目标树的末端。无论如何，我也有一些工作试图找出用户体验中交互设计质量指标的评估标准。”
	•设计师对初始问题情境的新解释可以重新构建设计概要 “这是重新定义一个问题。”

首先，与客观和可衡量的工程设计要求不同，体验设计目标引发关键利益相关者的潜在梦想和关切。为了丰富利益相关者的想象力，体验设计目标需要简洁但对设计

愿景的解释具有开放性。特别是，体验设计目标可以直接来源于那些稳定而有意义的元素，即品牌口号或公司价值观。

其次，采用组件化的服务设计思维方式，注重对设计语境的系统理解。这将设计师的关注点从最初的用户扩展到多个该系统参与者的关系，并从流程的一个孤立部分扩展到整个产品服务生命周期。客户旅程、利益相关者地图和价值地图等工具可用于复杂系统分析，并可能支持以系统方式设置体验设计目标。此外，不同利益相关者之间就目标选择标准达成的协议可以预先形式化和结构化。

最后，体验愿景和目标可以直接来源于设计师的启发性想法。具有衍生体验品质的高级体验愿景明确了设计概念的含义，并在整个设计项目中起到了支柱的作用。设计人员可以使用理论工具从不同的设计方面识别体验设计目标。设计主导的体验设计目标设置的另一种观点是，设计师对初始问题情境的新解释可以重新构建设计概要。

（2）概念生成

八位研究人员在概念生成阶段对体验设计目标的见解出现了四个主题：明确体验设计目标的情境意义、创造体验设计目标的多样化联想、迭代发展体验设计目标，以及平衡体验设计目标与其他目标（表4.4）。

表4.4 “概念生成”阶段相关洞察

概念生成包含的活动	体验设计目标设定的相关要点
明确体验设计目标的情境意义	•概念生成之初，一组选定的体验设计目标是抽象和模糊的 “我想首先对这些词的含义有所了解，这些词附加了哪些概念？就个人而言，这些词对我来说有点模糊，无法进行设计。所以我会开始把它们归结为与什么样的项目品质或交互品质相关。体验是一种整体的概念，你如何将其转化为更具体的交互属性？”
	•设计师需要将体验设计目标置于不同概念的目标情境表达中，有助于设计师访问情境知识的未开发空间 “如果设计研究团队在情境中寻找设计知识，我是一名设计师，我正在使用不同的表达形式，它们让我可以访问这些知识的不同部分。”
创造体验设计目标的多样化联想	•围绕一组体验设计目标进行创造性联想 “这种关于成为Mr.Q的高级体验愿景以及由此产生的体验设计目标‘指引感’‘专长’‘自豪感’的关联……如果你认为这是理性推导，那么它开始或引出所有问题，例如‘他们真的了解Q？’，‘这真的是关于Q吗？’事实上，这是一个跳板。这是一个设计思维的阶段，然后让你到达这里。从这个意义上说，你可以把Mr.Q扔掉……明智的做法是对更多的用户体验设计目标更加开放。”
	•体验设计目标的不同具体层级之间转换 “也许你应该制作一个工具箱来帮助设计师在不同的具体程度的体验设计目标上下切换。你可以拥有这部电影是完全开放的，或者你对技术有信心，对自己有自豪感，努力实现职业目标……然后设计研究团队有一些东西让设计师反思，让他们开始思考这是做什么的或者这意味着什么……你还需要在工具方面具有某种灵活性，这取决于你将体验设计目标传达给谁。”

续表

概念生成包含的活动	体验设计目标设定的相关要点
迭代发展体验设计目标	•修改和开发体验设计目标 “创意设计是一个迭代过程，设计师在这个过程中不断反思和评估想法。”
迭代发展体验设计目标	•当引入新知识并相应地重新构建设计机会空间时，改变目标是不可避免的 “我唯一能说的是，一旦你选择了体验设计目标，你就不能认为你已经完成了。你要修改它们，因为一开始的东西，它的工作原理是相当抽象的，但最后，它是非常具体的。因此，你必须在流程的不同阶段转译它们。”
平衡体验设计目标与其他目标	•以体验为中心或以任何事物为中心的设计具有局限性 “如果你曾经有过以任何事物为中心的设计，就容易犯错误，无论是以体验为中心、以客户为中心、以用户为中心、以人为中心、以可持续性为中心，你基本上是在说整个设计都归结为得到中心事物是正确的。”
	•在多学科协作设计项目中，尤其需要适应多种视角 “最好的体验设计目标不一定让每个人都满意，但可能会带来最好和最有用的结果，并且可能具有社会或商业意义而且在研究背景下。”
	•在体验的重要性和结果之间取得平衡 “结果总是很重要。我的关键立场是，在任何设计工作中，体验的重要性和结果之间的平衡是不同的。因此，在每个设计项目中，存在和行动之间的平衡是不同的，而用户体验运动所做的就是强调目标。但不要过分强调它们，以至于设计研究团队忘记了do-goals，并且在设计中花费了大量时间，真正不同的是do-goals而不是be-goals。”

首先，设计师应该明确体验设计目标的情境意义，在特定情境中掌握这些目标的具体含义。显然，在概念生成之初，一组选定的体验设计目标对于设计师来说是抽象和模糊的。设计师需要将体验设计目标置于不同概念的目标情境表达中，即场景、角色扮演和原型。这些不同的表现有助于设计师访问情境知识的未开发空间。

其次，设计师应该创造体验设计目标的多样化联想，是指概念生成中的体验设计目标实现与工程设计中的线性设计要求转译的逻辑推导不同。它是围绕一组体验设计目标的创造性联想，可以激发突破性想法。受访者提出了体验设计目标为百科全书、存储库和工具箱三个想法，用于在体验设计目标的不同具体层级之间转换。

再次，设计师应该在设计的不同阶段修改和开发体验设计目标，尤其是在概念生成中。创意设计是一个迭代演化过程，设计师在这个过程中应当引入新知识，并相应地重新构建设计机会空间，改变目标是不可避免的。

最后，设计师应当平衡体验设计目标与其他目标，因为过于强调以体验为中心或以任何事物为中心的设计是有局限的。这种局限可能会在设计的早期阶段将设计师的视野缩小到某个问题，从而有可能忽略更广泛的元素。在多学科协作设计项目中，尤其需要适应多种视角。在任何体验设计工作中，都应该在体验的重要性和结果之间取得平衡。根据目标的三级层次结构，体验设计显著提升了be-goals，而不是do-goals和motor-goals。但是，应防止设计师过度关注be-goals而忘记其他目标。

（3）概念评估

八位研究人员的评论中出现了与概念评估中的体验设计目标相关的三个主题：创造真实体验的可得性、保持概念开放和调整评估标准（表4.5）。

表4.5 “概念评估”阶段相关洞察

概念评估包含的活动	体验设计目标设定的相关要点
创造真实体验的可得性	•不同类型的设计表达可以促进概念演示，甚至同时激发想法的产生 “体验设计表达是展示体验愿景的一种方式，也是测试愿景的一种方式。因此，如果你让销售人员参与这个角色扮演，他们将能够准确地说出他们想要什么，以及他们想要如何以及为什么要基于实际经历或至少认同这一设计情境。”
	•开放和日常情况下的原型测试是分析人们如何直观地与原型交互的好资源 “设计研究团队先构建原型，然后在自然情况下进行测试，以便在展览中进行测试，或者设计研究团队将在会议上或更日常的情况下解决它，以了解人们如何反应，以及他们是否互动。”
	•做或想象，即角色扮演，被推荐为获得具身体验的 种有效方式 “实践应该是理解体验的最佳方式。下一个最好的事情是让人们想象他们正在这样做，这有时在某些时候可能更可行。” 相比之下，一些概念展示很难提供对真实体验的模拟。“你可以通过概念展示帮助用户想象体验。其中一些，比如蓝图，缺乏想象的触发点，无法让设计研究团队真正了解演示这个引擎的体验是什么。”
保持概念开放	•不同的概念可以告知设计人员他们所研究的问题解决空间的某些方面 “一种方法是仍然保持概念集开放。分开思考，而不是选择一个，选择几个并确保它们是不同的。然后你知道你正在处理不同的方面，以及确保你对解决方案/问题空间的了解。所以如果你开始排除方案，意识到你选择的空间是错误的，就很难回到那个空间。”
调整评估标准	•应当意识到体验设计目标和评估标准的不同 “创建目标和措施之间不一定是直接的关系。我认为将评估措施与体验设计目标混淆是一个潜在的错误。”
	•评估标准需要根据目标环境中增加的设计知识进行调整 “由于设计团队对这种情况有了更好的了解，因此有一个修订阶段和一些新标准。”

首先，建议体验设计目标将体验元素分配到不同类型的表达中，以进行概念演示和评估。不同类型的设计表达可以促进概念演示，甚至同时激发想法的产生。开放和日常情况下的原型测试是分析人们如何直观地与原型交互的好资源。做或想象，即角色扮演，被推荐为获得具体体验的一种有效方式。相比之下，一些概念展示很难提供对真实体验的模拟。

其次，访谈数据建议保持概念开放。与其选择一个总体得分高的概念，不如建议设计师同时保持几个概念的开放性，并确保它们尽可能多样化。不同的概念可以告知设计人员他们所研究的问题解决空间的某些方面。

最后，体验设计目标和评估标准之间不一定有直接的关系，并且设计师有可能混淆两者。当设计师对目标环境的理解成熟时，体验设计目标、概念和评估标准在一个迭代过程中齐头并进。从这个意义上说，评估标准需要根据目标环境中增加的设计知识进行调整。

（4）概念实施

访谈数据表明，体验设计目标可以通过三种不同活动改善概念设计师和概念实施者之间的沟通：唤起各自同理心、促进知识转化和制定设计要求（表4.6）。

表4.6 “概念实施”阶段相关洞察

概念实施包含的活动	体验设计目标设定的相关要点
唤起各自同理心	•帮助概念实施者建立对体验设计目标的共情理解 “一个产品不符合体验设计目标的故事和视频，以及另一个产品确实实现了体验设计目标的故事和视频，通过对比两者就可以了解有没有这种体验的感觉。这将帮助设计团队了解试图在设计中唤起什么样的体验。你需要让设计团队感受到它，而不仅仅是思考它。”
	•帮助概念实施者从概念表达中看到功能和交互属性 “无论我向我的程序员或开发人员展示什么，他们都会从功能方面考虑。我弥补了这些东西，并设法用故事板和场景来创造同理心。如果他们看不到该功能，则它不会给他们带来任何帮助。”
促进知识转化	•将体验设计目标翻译成概念实施者的语言 例如，将自豪感转化为实用案例、任务流、产品规范和需求：“为了建立一些东西，我该怎么做才能自豪？这对开发人员来说没有意义。因此，设计研究团队需要将自豪感转化为产品规格和要求，以便在这种情况下有意义。” 为概念实施者具体化体验设计目标，可以借鉴面向对象编程中使用的方法，带有形容词和副词的用户故事可以作为目标用户体验的来源。 “不管我在开始工作之前呈现什么，例如，设计研究团队表明所有的这些名词，每个名词都是系统中的潜在对象。动词是潜在功能。形容词和副词，它们实际上是用户体验的原因。”
制定设计要求	•概念实施者需要创建和完善自己的一套可操作的体验设计目标转化工具和标准 例如，当平面设计师对体验设计目标的理解与概念设计师一致时，应鼓励平面设计师使用专业技术开发配色方案，或是情绪板。 “因为她是一名平面设计师，这些关键词并不足以帮助她找到图形简介。她所做的是获取每个关键字，然后围绕每个关键字进行头脑风暴和单词关联，创建词云。所以她得到了一个新的词云，每个关键词周围都有相关的词。然后她在谷歌上对所有这些词进行了图像搜索。她拍摄了所有的图像，并以此为基础创建了一个情绪板。这个情绪板帮助她创建了一个图像阅读器、一个主题和一个配色方案。与其他标准相比，她需要修改和创建自己的一套对她有意义的标准。所以设计研究团队不应该认为设计研究团队创建的这些必要标准对系统开发人员有意义。”

首先，概念设计师的一项关键任务是帮助概念实施者通过概念表达（即角色、视频、场景或原型）建立对体验设计目标的共情理解。建立同理心很重要，因为概念实施者，即程序员、开发人员或工程师，需要从这些概念表示中看到功能和交互属性。

其次，在与概念实施者沟通时，需要设计人员快速适应实施者的思维方式，将体验设计目标翻译成概念实施者的语言。为实施者具体化体验设计目标，可以借鉴面向对象编程中使用的方法，带有形容词和副词的用户故事可以作为目标用户体验的来源。

最后，基于对体验设计目标的理解，概念实施者需要创建和完善自己的一套操作设计要求。在这种情况下，场景不一定在每个细节上都是固定的；相反，概念实施者应该灵活地接管场景并使用他们的专业工具进一步创造性地开发它们。不仅是概念设计师，概念实施者都希望做出自己的贡献和拥有项目的作者身份。

综上，八位研究人员访谈的结果表明了体验设计目标在不同设计活动中的潜在功能。在背景探索中，体验设计目标从不同的角度提供灵感来源，构筑初始设计机会空间。此外，体验设计目标设置可以促进对设计环境的广泛而系统的理解。在概念生成中，体验设计目标多样化并引导设计师的联想，并衍生出基于目标背景的概念。表征不同概念的体验设计目标为真实体验创造了各种渠道。在概念评估中，概念保持开放，评估标准随着设计师对目标环境的成熟理解而被细化。在概念实施中，体验设计目标帮助实施者建立移情理解，并促进多个利益相关者之间和跨学科边界的体验知识转移。

下文首先讨论从访谈研究的结果中确定的体验设计目标的三个重要方面，其次介绍体验设计目标对于创意设计的功用。

4.5.2 体验设计目标的三个方面

从采访数据中提炼出的主题表明了体验设计目标在不同设计活动中的两个关键方面：不断呈现设计体验和重构设计机会空间。表4.7说明了访谈主题如何映射到重现和重构这两个方面。此外，早期的研究已经讨论了体验设计目标的核心方面，即指引设计过程。

表4.7　体验设计目标的三个方面

方面	背景探索	概念生成	概念评估	概念实施
重现	•以简洁的起点产生想法 •系统地理解设计情境	•使与体验设计目标的联想多样化 •在迭代过程中发展体验设计目标	•为真实体验创造新的可能性 •保持概念开放	•激发同理心 •促进知识转化
重构	•从设计师的创意中获得目标	•平衡体验设计目标与其他设计目标 •将情境意义分派进体验设计目标	•调整评估标准	•优化设计要求
指引	体验设计目标作为整个设计迭代过程的指南			

（1）不断呈现设计的体验方面

体验设计目标与相关的设计产出在整个迭代设计过程中呈现并表达关键的体验信息。在设计的早期阶段，体验设计目标作为生成概念的起点，将创造性的想象驱动到不同的方向。体验设计目标可以较容易地适应各种类型的设计表达，即隐喻、一组情感词语、结构化的体验列表、角色、原型和场景。设计表达的体验方面越多，访问未开发设计机会空间的渠道就越多，并且为接近目标体验创造更多可能性。在设计框架中构建体验设计目标设置可以系统地获取和呈现情境化和移情知识。不断增长的设计知识进一步促进了体验设计目标开发成更具描述性、吸引力和可交流的设计表达形式，从而有利于协作跨学科设计活动中的知识交流。在表达设计的体验方面时，设计师经历了一个设计即手工艺制作的过程，强调理解情境的过程，设计师解释他们的设计对手头情境的影响以及情境影响手头的设计。

(2) 重构设计机会空间

体验设计目标通过不同的设计表现形式的演变过程也是体验设计目标框架和设计机会空间的重构过程。体验设计目标作为当前设计知识的综合，在设计过程的每一步都具有收敛性和规范性。体验设计目标最初可能是从设计师的原始想法或假设中抽象出来的，这些想法或假设在后来的设计过程中进行了试验。然后，设计师将情境化知识分派到体验设计目标中，并与不同的利益相关者一起尝试初步的设计理念。理想情况下，体验设计目标与其他设计目标相平衡，并进一步制定为可操作的设计规范和供概念选择和实施的评估标准。

(3) 指导设计进展

在可能性驱动设计中，体验设计目标的设置和实现本质上是棘手的问题，因此它们不遵循合理的理想化线性工程设计过程。相反，体验设计目标服从于具有体验设计基本原理特征的溯因设计推理的内部逻辑。体验设计目标在整个设计过程中充当指路明灯。这项研究揭示了体验设计目标的影响，特别是在查询、解释和评估方面，从而指导协作以实现体验设计概念。体验设计目标突破了这些困惑，指明了下一个探索的方向，从而在设计实践中迈出了一步。

综上，根据八个访谈的结果，体验设计目标可以作为体验设计表达的跳板，照亮潜在的设计机会空间，并指引设计方向。在设计的早期阶段，由于对情境的理解增强，体验设计目标和概念不断变化和发展。因此，评估标准应在设计的不同阶段进行调整。体验设计目标设定、概念化和评估不是机械分离的，而是在设计过程中同时发生的。

4.5.3 体验设计目标作为设计工具

先前的研究表明，体验设计目标被用于报告的设计项目，但对于设计师来说，体验设计目标为什么以及如何在创意设计中发挥作用仍然是一个难题。本节基于研究文献与专家访谈而产出的体验设计目标的三个方面是本书的贡献之一，即体验设计目标作为设计工具的概念模型（图4.3）。根据该模型，体验设计目标的主要优势包括设计机会空间扩展、设计情境学习和体验式知识交流。因此，使用设计文献中熟悉的术语，定义明确的体验设计目标可以作为一种生成、反思和交流的设计工具。

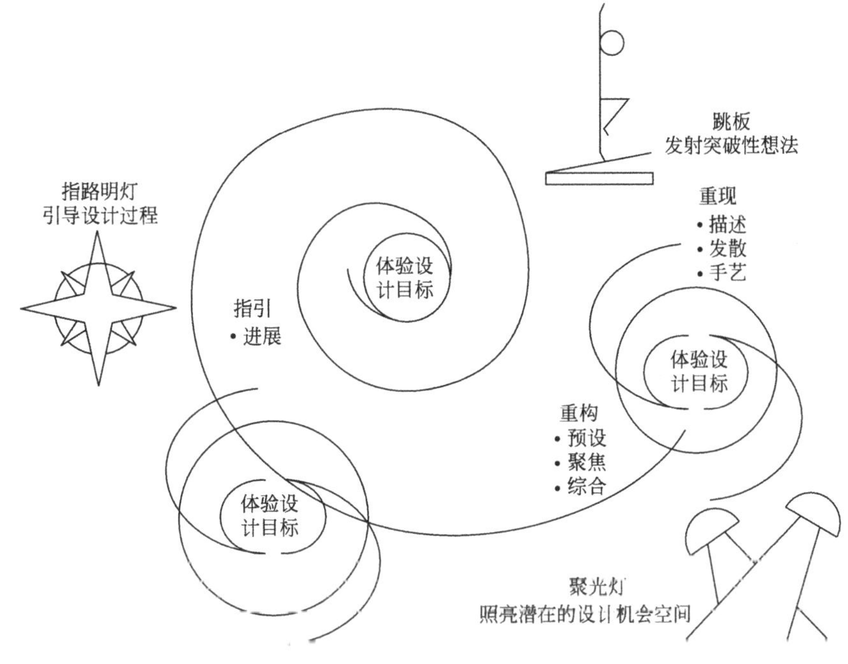

图4.3 体验设计目标作为设计工具的概念模型

(1) 体验设计目标作为设计空间扩展的生成工具

创意体验设计的早期阶段相当模糊和迭代，因为它最初解决了两个典型的棘手问题："设计什么体验"（即体验设计目标的设定）和"如何创造条件来唤起目标体验"（即体验设计目标的实现）。诡异问题的性质表明，设计实践中的体验设计目标设置和使用除其他问题外，没有明确的公式，没有停止的规则，没有绝对正确性，以及不止一种可能的解释。换句话说，这些诡异的特性表明体验设计目标导向的设计方法存在根本的不确定性。

体验设计目标设定和实现可以被视为设计溯因推理的两个未知数，引导创造性探索的过程。与设计溯因的逻辑公式一致，指定的体验设计目标符合结果的性质（即后果）。因此，体验设计目标实现等同于应用特定的关系模式（即工作原理）来实现这一期望的结果。为了弥合结果和工作原则之间的差距，需要对假设的关系模式进行迭代试验，直到出现所需的框架。同样，创建和应用体验模式作为设计策略可能有助于在概念中从体验设计目标跳跃到体验设计目标表达。将试探性体验模式应用于目标情境的迭代试验包含更多可能性。

显然，体验设计目标设置和转译有别于传统的设计过程，拒绝线性、按部就班的定义和解决常规问题的设计过程。与问题或方案空间共同演化的创造性设计过程一致，体验设计目标的设置与实现似乎一起出现并沿着设计进程线相互交织。然而，强调首先产生体验愿景和体验设计目标，使设计师无法从详细考虑实际解决方案开始。

相反，设置体验设计目标允许设计师将他们的手伸向几乎任何可能的事情。

（2）体验设计目标作为获悉设计情境的反思工具

暂定的体验设计目标的设置和实现是试验性的，因为每个体验设计目标都是对未知设计机会空间的探索。对于设计师来说，体验设计目标的设定主要是基于对他人经历的同理心和想象。为了最大限度地提高体验设计目标与体验者的真实体验之间的紧密度，设计师需要对每个潜在的体验设计目标进行迭代试验，以了解目标体验者欣赏哪些体验设计目标。

使用暂时提出的体验设计目标进行的试验构成了设计过程的重要组成部分，即在提出解决方案时进行有根据的猜测。无论一个体验设计目标是成功还是失败，它都可能将每次尝试后的反思性知识带入设计溯源过程，例如，为什么某个体验设计目标比其他替代方案更有希望，或者为此体验设计目标创造何种实现条件。Schön将设计描述为一种反思性对话，认为设计知识在行动中知晓，在实际设计中和通过实际设计揭示。因此，体验设计目标设置和转译的试验可以引发“与情境的反思对话”，并进一步发展与目标情境相关的现有体验设计目标。由此产生的体验设计目标相关知识有助于标记考虑过的设计空间，并阐明下一个有希望探索的领域。

反思性设计知识通常是在设计实践中产生的。然而，设计师通常更关注产生的设计想法，而不是将反思性知识明确记录在案。体验设计目标的亮点不仅有助于引出有关设计体验方面的反思性知识，而且还支持设计师分析主题、比较和组织富有洞察力的反思，这有助于设计推理和决策制订。

（3）体验设计目标作为分享和传递体验知识的交流工具

体验设计目标尽量用几个简洁的词语来定义，因为用一个词或一个短语来初步传达体验信息是方便和有效的。语言化的体验设计目标可以为不同的利益相关者提供一个与专业知识脱钩的共同视角。无论人们在协同设计中扮演什么角色，例如程序员、工程师、销售员、平面设计师或项目经理，他们至少可以用一种通用语言逐字解释一个口头表达的体验设计目标。重要的是，语言是设计过程中建立意义、促进管理和转换情境的主要工具，尽管它可能不关注精确的表达。

除了简洁的文字形式外，体验设计目标的其他表达形式或活动也有助于定义和传达预期体验，例如草图、角色扮演、场景、用户旅程、演示文稿和报告。同一组体验设计目标的多次展示可以引出不同的见解，培养对目标体验者的同理心，并最终阐明对体验知识的理解。体验设计目标被提升为设计任务的高级目标，因此体验设计目标的确认可以引导与功能、可用性和其他设计要求相关的转译和子目标的推导。从这个意义上说，在讨论高级体验设计目标时，可能会引发关于提议的体验设计目标派生的其他类型设计目标的讨论，例如业务目标或工程约束。

此外，围绕体验设计目标的沟通和讨论可以在设计的早期阶段保持不同子目标的平衡。个人的同理心、想象力以及体验设计目标表征的想象能力是多种多样的，因此体验设计师有责任解释不同利益相关者的关注点，站在他们的立场上，将体验设计目标翻译成他们各自的专业语言。除了知识翻译的通用技能外，体验设计师还可以指导协同工作，以实现体验设计目标的可共享的定义和转译。协同设计和参与式设计的方法和技术可以针对协同设计项目早期的体验设计目标的定义、沟通和评估进行定制。体验设计目标启发过程的模型以及体验设计目标交流的说明是在程序角度上的早期贡献。以体验设计目标为重点的沟通可以防止在设计过程的早期阶段对体验设计目标产生误解或混淆。不同利益相关者之间的有效沟通带来了对可共享体验设计目标的深入理解和清晰表达，从而推动设计实践进程。

(4) 设置与转译体验设计目标的挑战

上文通过对八位设计研究人员的访谈，调研了创意设计项目中的体验设计目标的设置与转译。研究结果表明，工作体验设计目标可以被有计划地转译，这在早期研究中并未得到充分强调。然而，设置和转译体验设计目标的挑战几乎是相同的：体验设计目标的具体评估标准，体验设计目标和其他目标之间的系统性平衡，从体验设计目标到设计规范和概念评估标准的创造性推导和关联，以及不同设计阶段共享体验设计目标的各种表现形式。对于创意设计，系统地试验体验设计目标以重新构建考虑的设计空间，并找到体验设计目标和设计概念之间的适当匹配是很棘手的。

本访谈研究的局限性主要在于受访者和研究单位的样本量较小。尽管这些专家都是经验丰富的设计研究人员，但对于他们中的大多数人来说，在有限的时间内对体验设计目标发表评论似乎显得要求苛刻。他们很难想象如何在现实生活中的设计实践中使用工作体验设计目标。因此，本研究并没有揭示实际案例中工作体验设计目标的设置和使用情况，而是揭示了在设计过程的不同阶段预期体验设计目标的功能。

4.6 小结

上文介绍了如何在创意设计实践中使用工作体验设计目标。许多体验设计目标驱动的设计研究意识到体验作为高级设计目标和最终设计对象的重要性，但很少有人研究体验设计目标为什么以及如何在设计中真正发挥作用。为了应对这一挑战，本书将体验设计方法概念化为体验设计目标的设置和实现。本章具体的研究问题是体验设计目标在创意设计实践中可能发挥的作用是什么。八位研究人员的访谈数据结果描述了体验设计目标作为设计工具的三大好处：一是明确设计的预期体验，二是重新构建设计机会空间，三是将设计的焦点转移到体验。此外，体验设计目标可以作为构思的聚焦点，凝聚关于设计情境的反思性知识。这些知识可以通过体验设计目标的视角进行分析、聚类、比较和综合。对于协作设计，体验设计目标保持不同利益相关者对设计体验质量的关注，并帮助他们跨学科交流体验设计目标。另一方面，设计师和研究人员很难平衡体验设计目标与其他设计目标以及将体验设计目标转化为概念实施要求。

体验设计目标可以在协作设计的不同阶段作为一种生成、反思和交流的设计工具。未来的研究可以进一步开发技术，以帮助体验设计目标与其他设计工具进行适配，并促进从体验设计目标到设计表达的创造性转化。同时，设计研究人员应更积极地参与体验设计实践，记录设计活动中体验设计目标设置和使用的实际过程，反思某些体验设计目标成功或失败的原因。

5

员工自豪感设计策略探究

在重工业领域，企业对员工的关注开始从个体功用、生产力、敬业度转向主观幸福感。与此呼应的是，作业工具、环境设施、社交平台等工作情境中的触点设计从安全、效率、可用性转向员工的积极体验。自豪感是重要的员工体验之一，是积极工作行为的核心驱动，也是尚未被充分开发的心理资源。因此，员工自豪感设计是一个亟待理论研究和实践创新的课题。研究以重工业情境下的员工自豪感设计为例，结合跨学科理论与设计实践案例，探究面向员工自豪感的工作触点设计策略。

5.1 员工体验

持续的人才争夺战、新生代对职场体验的期望、员工体验与客户体验的正相关联等因素成为企业提升员工幸福感的动力。2016年，硅谷Airbnb公司开创了全球首个员工体验部门，致力于营造以家为愿景的职场体验，标志着人力资源管理从“自上而下的流程执行”转向“以人为本的体验设计”。设计学与心理学、管理学的交叉研究领域——员工体验设计逐渐形成。如何创造积极的员工体验成为业界与学界共同关注的新热点。

员工体验是一个复杂而宽泛的新概念，是员工与组织之间发生所有互动的总和，包括从招聘开始到离职后的整个过程。IBM公司研究发现，员工体验是通过实体环境、社交关系和工作任务三方面相互作用而成的，与生产技术、企业文化、发展战略紧密相关。员工体验可以涵盖三个维度：时间维度（从即时情绪到长期情感）、空间维度（从实体环境到数字场景）与社交维度（从自我体验到人际体验）。工作场所、社交平台与作业工具等触点都是塑造员工体验的媒介，也是员工体验设计的对象。如图5.1所示。

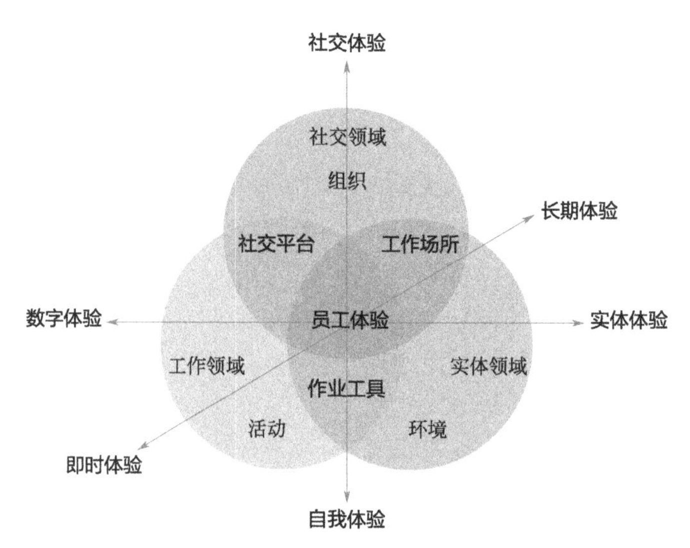

图5.1　基于时间、空间、社交维度的员工体验

究竟哪些体验属于员工的积极体验？对于新生代员工而言，薪水、福利等生存需求不再与敬业度和保留率紧密相关。他们更关注工作体验是否能够满足社交、尊重、自我价值实现等个人归属与成长的需求。Oonk Maite等设计研究人员认为提升工作幸福感的要素包括掌控感、效能感、自主感、组织认同与支持等。Katharina M. Zeiner等人机交互学者提出工作积极体验的六大主题：共鸣、互助、挑战、投入、交流与新体验。作者先前的研究表明，员工的幸福体验包括工作时的积极情绪体验（工作投入、兴奋等）与工作意义感体验（良好的人际关系、自我实现等），两者相互促进，充分发挥员工的潜能。

5.2 员工体验设计

员工体验设计的本质是以新的可能性为驱动的积极体验塑造，即在工作情境中挖掘激发积极体验的触点。这与传统意义上以感官愉悦为主的文化娱乐体验设计理念不同。借鉴积极心理学，员工体验设计不仅包括被动接受的感官体验，更在于通过创造媒介助推个人行动而主动获取的积极体验。例如，焊接技术公司Kemppi的员工可以在工作设备上自定义个性化屏保图像，主动建立与工具之间的亲密联结（图5.2）。

图5.2 焊接设备屏保个性化设置

2016年，IBM等企业开始摸索以人为本、协同共创、情感共鸣、快速迭代的设计原则，尝试设计员工画像、员工体验旅程图、同理心地图等体验设计工具。然而，大多数企业案例似乎只是照搬了体验设计的实践形式与工具，并未抓住创新设计思维的本质，即如何将一个意义深刻的员工体验具体化于激发该体验的触点。该难点体现了荷兰设计方法论教授Kees Dorst提出的设计溯因逻辑推演（Design Abduction），即从期望的结果“outcome”（目标锁定的员工体验）回溯到“how”（激发特定体验的设计机制）并不断试验“what”（与机制所匹配的设计产出，即体验触点）的过程，而“how”是联结目标体验与设计产出的桥梁，是体验设计概念推演的核心（图5.3）。

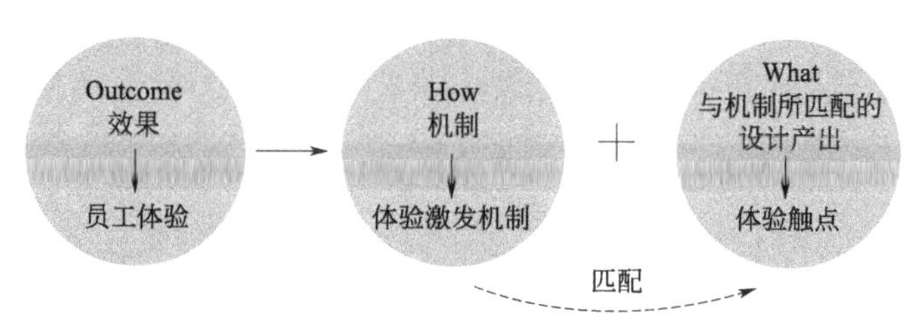

图5.3 员工体验设计溯因逻辑推演

德国体验设计教授Marc Hassenzahl认为同种类型的体验对应相同的“how”（体验激发机制）。例如，我们从生活经验中不难理解惊喜体验的激发机制可以是“与预想的方式不同”，设计产出可以发散为在黑暗中与朋友一起探索“无光晚餐”。相较于一般的消费体验，员工体验更具抽象性、复杂性与专业性，其激发机制难以从日常生活经验中直接提炼。例如，工作投入感的激发机制源于组织管理学研究，包括促使员工关注当下、充分获取工作资源以及同事间的积极影响等。可见，针对不同类型的员工体验，融合管理学、心理学相关知识，提出对应的设计机制可以帮助设计师理解目标体验，跨越目标体验与设计产出之间的鸿沟，以降低设计实践的难度。下文运用文献综合与案例分析法，以重工业企业为情境，提炼员工自豪感设计策略。

5.3 员工自豪感概念框架

5.3.1 自豪感

从积极心理学角度，自豪感是一种正向的自我意识情绪、社会情绪与道德情绪，是对成功事件的归因与评价时产生的积极体验，与自尊呈正相关，有助于激发亲社会行为。组织管理学的研究表明，自豪是工作情境中最强烈的员工体验之一。Gouthier和Rhein识别出两种类型的组织自豪感：一种是由成功的集体事件引发的情绪型自豪感，是一种不连续、强烈而短暂的心理体验；另一种是基于对组织的认知而形成的态度型自豪感，是一种普遍和持久的心理倾向。

5.3.2 时间维度

从时间维度来看，自豪感可以是由不稳定、明确且可控事件引起的即时积极情绪，也可以是基于长期理性认知而产生的稳定态度。社会心理学研究表明，源自成功事件的自豪感是情感上的外在奖励，可以促进个人对预期目标的渴望，提高工作表现，从而增进新的自豪感。此外，组织管理学研究中还发现一种不依赖于单个事件的自豪感，是与目标整体评估相关的累积体验，例如个体由于拥有组织成员身份而感到自豪。

5.3.3 社交维度

从社交维度来看，自豪感跨越了自我实现到社会责任感。大多数心理学研究侧重自豪感是一种由自我效能触发的意识并激励行为的体验。自豪感作为一种基本的社会情感，也可以在个体评估行为结果是否具有社会价值或是否成为具有社会价值的人时产生。自豪感与道德成就、亲社会行为相关，激发和加强一个人的社会价值行为，例如善待与照顾他人、积极回应他人的情绪与需求。因此，无论是自我导向的任务完成还是利他导向的行为触发，自豪感在评估、调节和鼓励一个人的行为时既是晴雨表又是驱动力。

5.3.4 员工自豪感概念框架构建

员工可以为自己的工作方式、工作成效感到自豪。在工作相关的人际互动中，从他人得到肯定与赞美，或为他人成就而感到自豪，也有助于激发个体自豪感与心理赋能，并促进未来的成功。Katzenbach提出自豪感的“能量闭环”：优秀的员工绩效有助于集体成功，而公认的集体成功会加强员工的组织自豪感，从而推动更好的员工绩效。

心理学与组织管理学的文献揭示了员工自豪感的丰富性，为员工自豪感设计提供了时间维度与社交维度：从自我意识情绪型自豪感延续至长期的个人成就感；从人际交互中获得的自豪感扩展至长期的态度型集体荣誉感。这与辛向阳教授提出的影响体验的两个维度，即时效性（即时—长期）与范围（个人—社会）具有一致性。据此，员工自豪感可以概念化为以下四种类型：自我导向-即时型自豪感、自我导向-长期型自豪感、他人导向-即时型自豪感与他人导向-长期型自豪感（图5.4）。

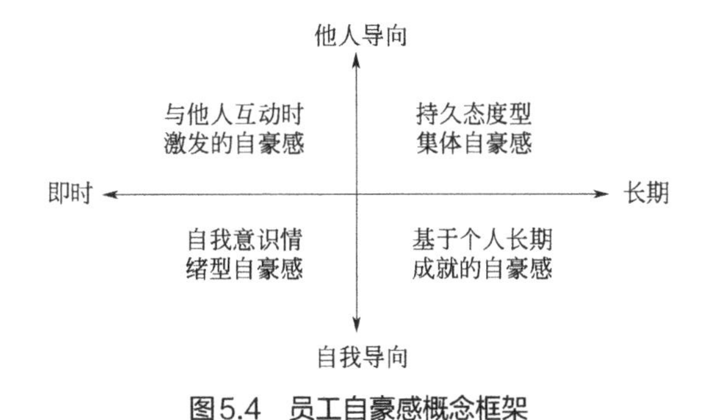

图5.4 员工自豪感概念框架

5.4

重工业情境下员工自豪感设计策略

5.4.1 员工自豪感设计策略提取方法

自2012年起，芬兰阿尔托大学设计系与十大国际重工业企业及芬兰国家科研机构开展科研合作项目“重工业情境下的体验设计”（表5.1）。重工业领域的传统设计理念是以安全与可用性为主要目标，体验设计则是全新的思维挑战；而现有的体验设计理论主要关注消费服务领域，重工业领域则是全新的应用情境。产业界并没有公开的体验设计研究项目，本书无法像常见的设计研究那样通过现有的设计案例及产出提炼体验设计策略。因此，本研究首先通过设计实践生成一系列案例，从中收集相关案例样本，并结合理论框架分析，探索设计方法，形成实践与理论相结合的设计研究思路（图5.5）。

表5.1 参与“重工业情境下的体验设计”项目的公司简介

公司名称	专业领域	案例数量
ABB	电气化、机器人、自动化和移动控制产品组合	4
Konecranes	起重设备及服务	4
KONE	电梯、自动扶梯及自动门产品与服务	3
Rolls-Royce Marine	船舶设计、船舶推进、工程、流体动力学和系统集成	10
Meyer	邮轮制造	1
VTT	重工业产品系统用户研究	1
Ruukki	为建筑和工程行业制造和供应材料	1
Fastems	提供灵活自动化解决方案	7
Metso	造纸和能源行业技术、自动化系统和服务	2
Kemppi	焊接电弧设备与服务	1
Rocla	仓储卡车和自动导引车系统与服务	1

作者参与并追踪了该项目中35项设计目标明确含有“员工自豪感”的工作触点设计案例。每项案例分为四个阶段：重工业情境洞察、体验设计目标构建、概念生成与体验设计目标评估。设计主题涵盖系统控制平台（14例）、客户服务触点（9例）、销售服务触点（4例）、培训工具（2例）、内部信息系统（2例）、研发系统（2例）及工具包装（2例）。如图5.6所示。

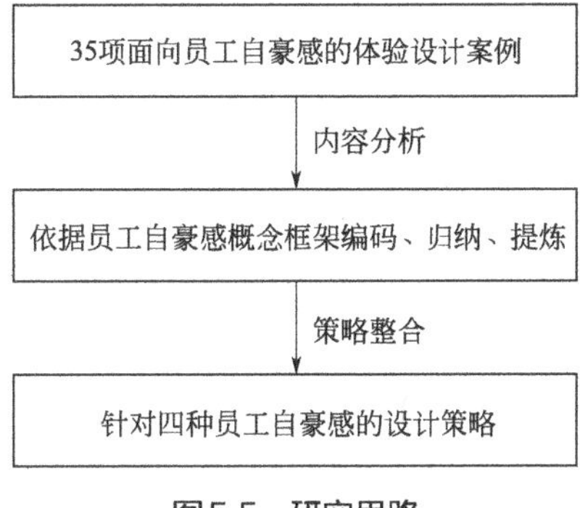

图5.5　研究思路

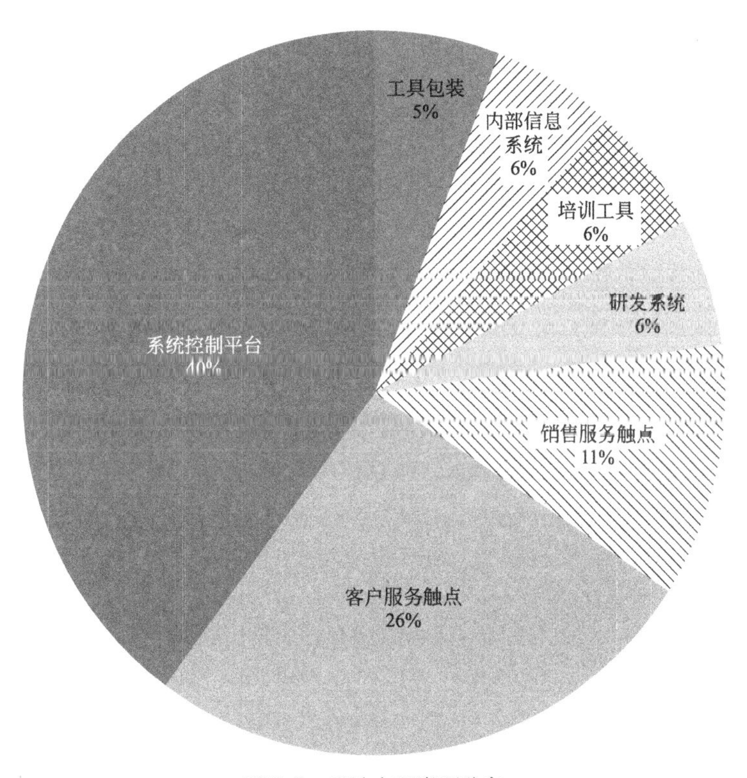

图5.6　设计主题类型分布

作者运用内容分析法对35份设计报告、附属会议记录与设计日志进行定性研究，重点分析每项案例中针对员工自豪感的设计洞察、概念说明、自豪感评估与企业反馈，明确员工自豪感的具体类型与设计路径，并根据每种自豪感类型进行编码分类，归纳对应的体验设计策略（图5.7）。在35项案例中，自我导向-即时型自豪感设计占15项，其中7项的策略是传达工作触点的专业感，另8项的策略是增强人机交互的自我效能；自我导向-长期型自豪感设计占6项，其中4项以可视化工作成就为策略，另2项以游戏化工作进程为策略；他人导向-即时型自豪感设计占10项，其中6项以可视化人际沟通的积极成效为策略，另4项以创造彼此激励的互动方式为策略；他人导向-长期型自豪感设计占4项，其中2项的策略是创造分享成功喜悦的日常触点，另2项的策略是建立成功案例故事库（图5.8）。

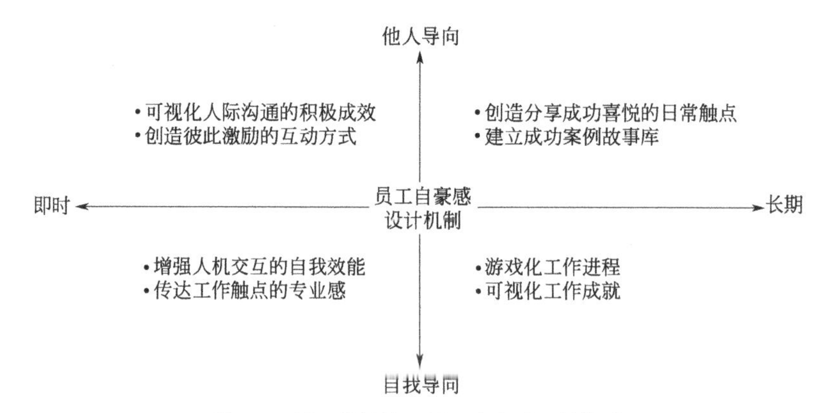

图5.7　重工业情境下员工自豪感设计策略

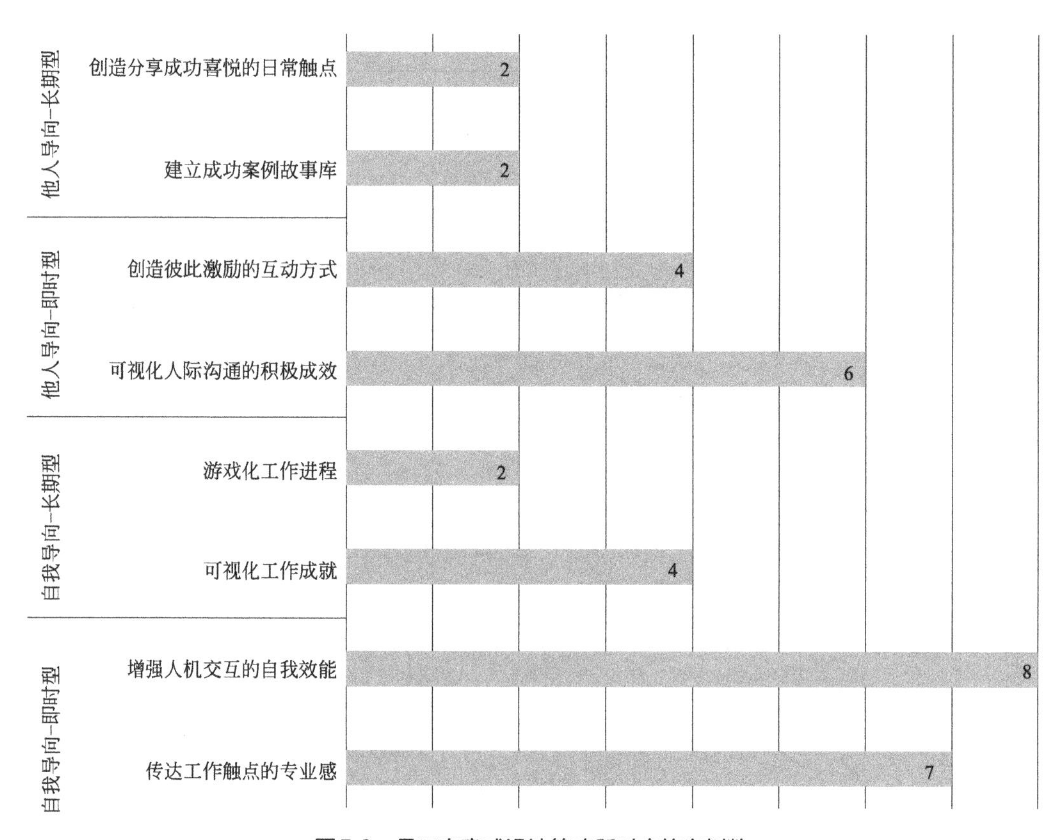

图5.8　员工自豪感设计策略所对应的案例数

5.4.2 四种员工自豪感的设计策略

（1）自我导向-即时型自豪感设计策略

自我导向-即时型自豪感可以源于员工与工作触点交互的即刻体验。该体验的设计机制“增强人机交互的自我效能”与“传达工作触点的专业感”有助于员工积极地进行自我评估与取得成就。如表5.2所示。

表5.2 自我导向–即时型员工自豪感设计策略

企业	体验触点	体验设计机制	员工自豪感设计策略提炼
KONE	工业电梯遥控App	增强员工遥控工业电梯的掌控感	增强人机交互的自我效能
Fastems	手掌笔记本	增强员工远程控制自动化系统的掌控感	
Fastems	智能可穿戴手套	增强员工通过手势远程建模的掌控感	
Rocla	铲车训练机器人	增强员工对铲车驾驶情境的感知	
Konecranes	起重机遥控App	增强员工遥控起重机的掌控感	
Konecranes	起重机遥控交互	增强人机一体的操作自主感与可控感	
Rolls-Royce	船舶智能导航系统	增强船长对复杂作业情境的感知	
Rolls-Royce	智慧港口情境感知平台	增强员工对复杂作业情境的感知	
Rolls-Royce	船舶推进器包装	采用专业化包装	传达工作触点的专业感
Rolls-Royce	船舶智能驾驶舱	营造专家级的智能工作环境	
Ruukki	知识储存设备	采用最新的专业材料	
Konecranes	情感化客服产品	采用情绪识别技术	
ABB	自动化驱动App	远程自动化驱动安装流程	
ABB	工程软件驱动系统	提供专业化性能配置	
Meyer	邮轮乘客数据记录工具	数据精确度与专业化分析	

① 增强人机交互的自我效能。强调在作业过程中，人机交互系统赋予员工投入感、掌控感、情境感知等积极体验，引导员工自信完成任务。起重机集团Konecranes运用具身体验设计理念“起重机作为操作员身体的延伸”，即通过虚拟增强现实技术提升人机一体的操作自主感与可控感，激发人机交互中的预期型自豪感。

案例 Konecranes 起重机遥控App

· 案例背景

Konecranes（科尼）是起重机行业的世界领先公司之一，为各种客户提供服务，包括制造和加工行业、造船厂、港口和码头。80多年来，他们一直致力于为各行各业的企业创造更好的业绩和效率。科尼拥有环链葫芦、工作站起重机、旋臂起重机和移动式港口起重机等各种起重机产品和设备。他们还一直提供高质量的服务，这成为科尼最大的主要的收入来源之一。他们的产品和服务提升了全球商业的价值和效率。

科尼提出新的UX驱动概念来操作起重机，例如利用可穿戴设备或增强现实技术。科尼对开发在其产品中利用新兴技术的新方法非常感兴趣。现在他们正在研究AR的可能性，并希望成为第一家推出功能系统并在起重机行业实施的公司。

· 体验设计目标

专业的表现需要培训和专业知识，起重机的定位系统稍微有些复杂，需要持续的专注和态势感知。尽管如此，当操作员失去对起重机位置的意识时，还是会发生错误，反之亦然。即使是最有经验的操作员也会发生这种情况。在这些情况下，起重机不会像操作员预期的那样遵循命令，并且直观的工作流程被破坏了。

通过对起重机的绝对控制来达到安全和效率，这需要专业知识和专注力。起重机用户不喜欢自动化功能，因为用户觉得它会带走控制感。旧的控制方法仍在使用，因为培训是基于向高级员工学习其经验。

这就需要设定一个复合型体验，这也是一种基本体验，不仅仅是信任机器并感到安全。另外，设计提供的体验应该与操作起重机的逻辑相吻合，更符合用户逻辑而不是机器逻辑。体验目标是让操作员感觉到与起重机合二为一的自豪感。获得这种体验将确保起重机几乎满足所有科尼用户体验目标，例如：

- **情境感知** 必须清楚是什么状态以及用户交互将如何影响起重机的操作情境。
- **可控感** 负载可能非常巨大且沉重，如果处理不当会很危险，重要的是用户可以控制起重机和负载。
- **自主感** 让用户感到操作的熟练感、工作流程的顺畅感以及智能系统的赋能感。

· 体验设计概念

解决方案的设计原则是用户界面应靠近或位于起重机操作员的身体。操作员自身的感官得到增强，从而使起重机操作员更有能力完成一些重要任务，例如注意感兴趣的物体或危险。此外，关于用户自己的身体和视角方面，操作逻辑始终相同。无需用操纵杆做轻推运动来测试方向。

该方案的主要功能是绘图和投影。绘图意味着操作员可以使用源自控制器的虚拟增强现实指针绘制钩子的路径。这类似于在现实生活中用手指点方向，这是每个人都可以凭直觉做的事情。目标点与手指或控制器的角度之间存在一对一的映射。因为起重机的高度是通过不同的机制来操纵的，所以角度能够明确定义预期的点。为了使起重机跟随路径，操作员必须连续按下控制器中的按钮或在基于手势的操作中保持一定的手势。每当操作员松开按钮时，起重机的运动也将停止。这种操作模式可能会增加与起重机合为一体的感觉，每当用户以某种方式（角度）握住手（控制器）时，起重机将相对于用户的身体移动到相同的位置。映射总是相同的，因为参考点总是用户。

投影意味着起重机能够模仿操作员的移动，就像操作员的影子一样。如果操作员处于此模式并在起重机前方行走15米（按下按钮），则起重机将相对于操作员处于完全相同的位置。由于装卸是人工操作，所以用户必须始终从装载点步行到目标点。大部分起重机控制可以通过步行到终点的方向来进行通信。由于许多安全原因，我们认为复制动作比让起重机跟随操作员更好。操作员通常不应走在负载前面，操作员应始终注视负载。如果起重机跟随操作员，这两种安全措施都无法遵守。这种控制方法可以增强用户与起重机的一体感，因为用户的身体（控制器）和起重机的运动是一致的（图5.9）。

图5.9 “起重机作为操作员身体的延伸”设计理念

还有一些功能来增强操作员的感知。控制器具有先进的触觉反馈，与仅使用视觉效果相比，这可以更准确、更直观地传达起重机的运动。当操作员举起负载时，他的触觉可以比视觉更早地感觉到不平衡的负载。这种通过利用感知来增加感官输入的概念可以带来好处，而无需任何有意识的努力来学习任何新东西。大脑擅长发现输入中的模式和相关性，如果当用户有这种会发生某些事情的感觉时，那么操作员能够更精确地操纵起重机。还可以使用来自危险方向的听觉信号，因为听觉信号在引导注意力和视力方面非常有效。该系统可以通过使目标负载轻微发光并且与目标点相同来增强目标负载的可见性。仓库地图映在天花板或网格水平上，因此它永远不会打扰用户，但当用户需要时，例如绘制路径时，用户会看到它。界面元素的位置是相对于操作员身体的，在这种情况下，地图总是在操作员的上方。

② 传达工作触点的专业感。这是指通过专业化的工作系统与具有仪式感的工作流程，激发员工的专业自豪感。Rolls-Royce Marine公司以“聚光灯下的交响乐指挥家”为愿景，通过智能环境灯光、机器人语音聊天、自然交互界面等方式，引导船长在智能驾驶舱中如同指挥交响乐般、有条不紊地统筹航海任务中的各项工作，进而对拥有专业化的工作触点与工作方式感到自豪。

案例 Rolls-Royce 船舶智能驾驶舱

· 案例背景

Rolls-Royce Marine公司在船舶设计、复杂系统集成以及动力和推进设备的供应和支持方面处于世界领先地位。Rolls - Royce Marine公司在全球拥有4000家客户，并在30000多个船只上安装了设备。Rolls-Royce Marine Rauma为大型船舶、甲板机械和喷水器设计和制造推进器。公司要求我们为控制台开发一种突破性的解决方案，关键因素是成本、易于制造和灵活性。

· 体验设计目标

在确定了需要考虑未来的场景之后，设置了“WOW”作为主要目标。在用户工作体验设计目标定义阶段，决定用图片制作情绪板，给人们指挥交响乐团的感觉与想象。然后邀请周围的人测试这个情绪板，并挑选最能生动地表达这种感觉的图片。最后，得到了得票最多的三张图片。从这些图片中，设置了从船长的角度指挥管弦乐队“隐喻”的交互特征，并提供了应该实施什么样的情绪以达到用户工作体验设计目标的信息。情绪板体现了从船长的角度指挥管弦乐队“隐喻”的交互特征：自豪时刻、人船联结、万众瞩目与享受。

· 体验设计概念

场景模块如下。

Mikko是一位拥有30多年经验的老船长。当船长进入拖船桥后，有一圈暖色气息在地面上发光。当他踏入圆圈时，光停止了变化，但一直亮着。“欢迎，请坐。”系统语音聊天开启，然后一把椅子从他背后的周围地面升起。宽椅臂上安装了两个杠杆。当他坐下时，拉杆前后摇晃了一下，看起来像是在和他打招呼。在他握住拉杆的瞬间，拉杆前面的两条滑道亮了起来，引导着他随着滑道一起向前推动拉杆，启动发动机。他向前推拉杆启动引擎后，一艘虚拟的拖船从底部边缘漂浮在大窗户的玻璃上，玻璃上显示着一张预先安排好路线的简单地图。周围有整齐的可视化信息，指示船的工作状态，例如速度和方向。在航行过程中，雷达探测到前面有一块石头。障碍物在地图上显示为闪点。杠杆还通过振动警告船长。然后船自动减速，前进挡操纵杆的阻尼增加。意识到危险，他立即改变了方向，他觉得操作变得顺畅而精确。就在他避开危险后，航务部门向他发出了通信请求，在玻璃的角落显示为闪烁的联系人图标。为了接受这个请求，他从椅臂上拔下一个杠杆，并将其用作手势遥控器。他用杠杆扫过手，将对话画面拖了出来，就像用管弦乐队指挥的指挥棒一样（图5.10）。在港口返回后，Mikko感到很高兴，出奇地放松，这次经历仿佛给了他继续航行的新动力。

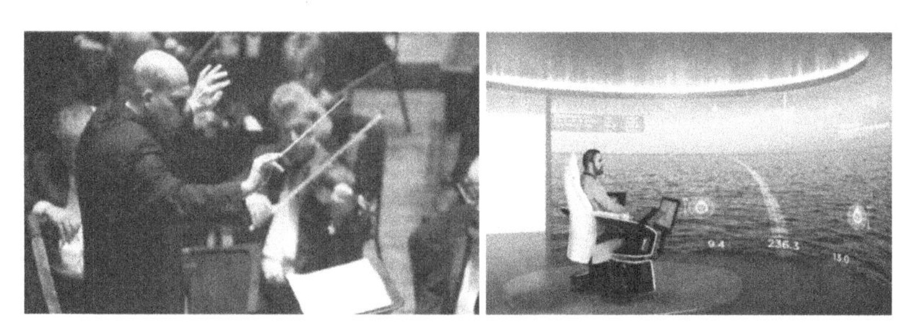

图5.10　以“聚光灯下的交响乐指挥家”为愿景的智能驾驶舱设计

（2）自我导向-长期型自豪感设计策略

自我导向-长期型自豪感设计的关键是维持自豪感的成长性与持久性。“游戏化工作进程”与“可视化工作成就”着力于员工在长期工作体验中的自我价值实现，将自豪感从对目标任务的期待延伸至执行任务时的兴奋，再到完成任务的喜悦，最后回到对新任务的盼望。如表5.3所示。

表5.3 自我导向-长期型员工自豪感设计策略

企业	体验触点	体验设计机制	员工自豪感设计策略提炼
Rolls-Royce	无人驾驶智能船舰遥控App	通过游戏机制遥控船舰	游戏化工作进程
Konecranes	起重机遥控交互设备	通过游戏机制提升专业技能	
Metso	控制系统平台	可视化操作员职业发展路径	可视化工作成就
KONE	客服代理工具	可视化客服员工事业成长路径	
ABB	销售App	可视化销售员工事业成长路径	
Rolls-Royce	遥控中心导航指挥界面	可视化长期航海工作取得的成就	

① 游戏化工作进程。这是利用游戏的个性化角色设定与任务反馈机制，不断激励员工完成一系列阶段性目标而获得持续自豪感。Konecranes起重机集团根据员工特点，设定人物角色，例如操作员可以被称为“起重机女王”，擅长“打猎”（目标定位精准）与“奔跑”（抬吊联动平稳），搬运风格为灵活变通等。通过解锁、晋级等游戏化激励方式，增添任务的趣味性与挑战性，培养员工对搬运工作的持久兴趣与自豪感。

案例 Konecranes起重机遥控交互设备

· 案例背景

Konecranes的品牌宣言是不仅为客户举起货物与整个业务，也为客户提供完整的工作体验。公司希望找出工业环境中操作起重机的新工作方式，并且开发的概念应该利用增强现实（AR）技术或可穿戴设备。

· 体验设计目标

在查阅了一些与起重机操作员工作相关的文献并进行实地调研之后，主要体验目标定义为：在游戏中获得职业自豪感。子目标如下。

· **赋能** 不同角色类型、多种游戏风格等游戏元素有助于操作员发展专长。

· **自我成长** 定制个人简介，为个人专长定制专业水平与技能系统，为最佳员工排名和命名。

· **联结** 建立人脉网络与起重机网络，建立人与人、人与机器以及机器与机器的积极联系。

· **愉悦** 常常带来惊喜的交互环境。

· 体验设计概念

Cranetopia（起重机托邦）是针对工业环境中缺乏自主和动力的根本解决方案。该体验旨在让用户沉浸在Cranetopia游戏化的世界中体验工作自豪感，这要归功于他们工作场所内的AR环境创建（图5.11）。用户可以在进程、角色定制、任务和与不同公司的比赛之间进行选择，成为最终的起重机之王或王后。整个工作场所的AR环境让他们每天都可以找到不同的地方并执行不同的任务。这不仅为工作带来乐趣和动力，而且使他们变得更优秀，并充分利用新的起重机功能。例如，跟随负载的金色路径（更安全的路线），以避免可以吃掉负载并让用户失去积分的怪物（有怪物的地方代表存在隐患）。

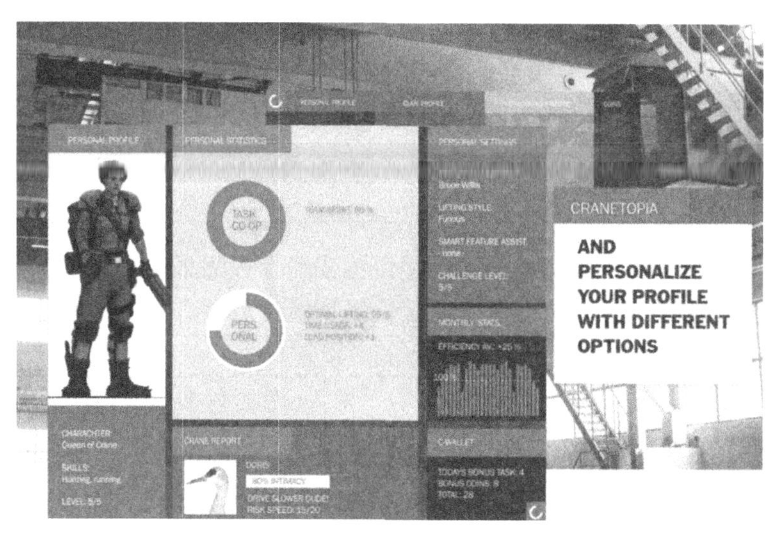

图5.11　起重机遥控过程游戏化

② 可视化工作成就。是指对员工工作表现的长期追踪与具体呈现。Rolls-Royce船舶公司为船员设计的一款手机App，利用图形将航海任务的相关数据可视化，例如记录年度航行的地点与距离、应对海上极端天气的次数、运输货物的种类与吨数等。员工可以与这些数据互动，查阅数据背后的故事，例如显示第一次停靠某个岛屿的照片、播放某次躲避海上风暴的新闻等。通过再现职业生涯的点滴事迹，培育员工的职业自豪感。

案例　Rolls-Royce无人驾驶智能船舰遥控App

· 案例背景

该项目是与Rolls-Royce船舰智能合作完成的。自主航运是海运业的未来，正如Rolls-Royce船舶总裁 Mikael Mäkinen 所说，智能船舶将彻底改变船舶设计和运营格局。此项目中探索了未来远程与自主操作体验的可能性。

在该项目中，最初的任务是设计一个指挥显示器，以增强船舶的态势感知能力。然而，在背景研究、用户研究和理解体验驱动设计的理念之后，发现更需要设计一个人性化的导航系统。

· 体验设计目标

船员在工作中的担忧，首先是信息不清晰，无论是信息布局还是数据变化的通知都不清楚。系统的灵活性需要改进，以适应个人的不同偏好，更要注意合作，尤其是对接的时候会和其他同事发生很多合作。而且，紧急情况会导致压力，长时间的工作会让他们感到疲倦。

然而，大多数时候船员需要更积极的感觉。比如，作为一名水手应感到自豪、兴奋，并享受在海上的感觉，感到自己是更大愿景的一部分。在这里，我们的设计理念是消除甚至将消极情绪转化为积极情绪，并增强积极情绪。因此，我们从用户的角度创建了如下体验设计目标：自豪，用视觉化元素表达工作信息，船员能够直观解读工作进展、短期或长期工作成绩，并能感知工作信息的意义。享受，我们需要考虑如何在工作中激发更多的快乐和放松感，一方面可以使工作更愉快，另一方面，从长远来看，帮助用户保持对工作的热情和兴趣。信任，也是Rolls-Royce的品牌价值之一，在采访中多次提到，团队内部会有很多合作，所以如何让客户的员工能力被别人注意到并有说服力是至关重要的。归属感，船员在海上单独工作时可能会感到孤独，所以让他们意识到他们是更大愿景的一部分是很重要的。

· 体验设计概念

ROX（Remote Operation Experience，遥控体验）是一个集成的监控系统。它使用 GUI（图形用户界面）和环境功能（如环境照明和语音环境）来创建鼓舞人心和轻松的操作环境。这一概念提升了船员对所运营船舶的控制感和信心。

图形用户界面的设计使其以一种信息丰富的方式提供当前操作情况的相关信息。微交互细节使其使用起来更加令人满意。ROX导航系统在同一平台下拥有指挥显示、移动App等不同的导航工具（图5.12）。移动App的功能包括：可以跟踪船员的个人进度和年度亮点，确保他们成为更好的船员，并鼓励他们融入企业的未来愿景。例如，移动App的年度报告是一个很好的方式，可以为用户提供更感性和共鸣的体验，赋予他们一种成就感和贡献感，同时支持公司对员工绩效的评估。

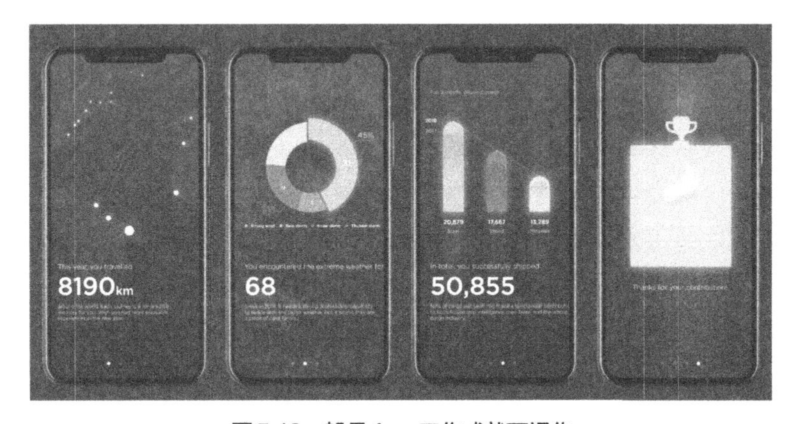

图5.12　船员App工作成就可视化

（3）他人导向-即时型自豪感设计策略

工作触点设计可以通过“可视化人际沟通的积极成效”引导员工在社交过程中发

挥主观能动性，在人际沟通中获得自豪感。同样，“创造彼此激励的互动方式”可以通过触发同事间的积极互动而使自豪感成为员工的共同体验。如表5.4所示。

表5.4 他人导向－即时型员工自豪感设计策略

企业	体验触点	体验设计机制	员工自豪感设计策略提炼
Rolls-Royce	销售App	可视化客户的积极反馈	可视化人际沟通的积极成效
Fastems	自动化系统遥控App	可视化客户的积极反馈	
Fastems	沉浸式智能交互演示桌	即时生成员工讲解的产品方案	
Fastems	远程客服支持系统	可视化客户、驻地工程师的沟通过程	
ABB	客服App	可视化客户的积极反馈	
KONE	电梯现代化改造在线咨询平台	可视化员工与客户的协商过程	
Kemppi	焊接训练App	员工在线展览焊接练习作品	创造彼此激励的互动方式
Rolls-Royce	产品展示设备	提供令人印象深刻的产品宣讲方式	
VTT	自助餐	员工与客户之间新颖的互动交流方式	
Fastems	自动化系统工作平台	提供同事之间线上点赞的动画设置	

① 可视化人际沟通的积极成效。是指通过可视化员工与他人互动中产生的积极影响而获取即刻自豪感。自动化机器生产集团Fastems为销售人员设计了一款沉浸式智能交互演示桌。当员工向客户介绍设计方案时，智能桌可以根据员工的提议，为客户生成自动化机器组件的性能数据与3D运作动画，可视化不同方案的利弊，提升员工在协商过程中的自信心、引导力与自豪感。

案例 Fastems创新中心体验设计

· 案例背景

Fastems是芬兰一家私营的自动化系统制造商和供应商，为全球金属切削行业的企业（制造和精加工工艺）提供自动化系统。Fastems的经营理念是通过自动化提高客户的竞争力，并充分利用每年可用的8760个生产小时。作为过去三年UXUS项目（复杂系统中的用户体验与可用性）的一部分，该公司已经开发了几个不同的项目来改进客户的员工体验。

Fastems培训中心70%的时间用于学生培训，其余时间用于Fastems测试和研发。该公司感兴趣的是为客户创造早期销售谈判的实体空间，在工厂中真实地展示系统的潜力，并以全新的方式吸引客户。

· 体验设计目标

为自豪而参与。“参与”是Fastems的企业文化，它与人有关，并提供身临其境的积极体验。让客户仅仅成为旁观者会使Fastems错失吸引客户并建立密切个人联结的机会。客户必须成为体验的一部分才能为体验感到自豪。

为任务而率真。把率真作为一种哲学和设计驱动力。客户必须对体验印象深刻，并有足够的信心愿意参与其中。简单易用是获得信任的唯一工具。

为人性化作差异。如今市场发生了变化，公司需要考虑如何从竞争中脱颖而出，不仅是提供最好的产品，还要靠独特的品牌价值。人与人之间分享想法和协作是Fastems身份的独特标志，因此也必须与新老客户进行紧密的沟通。决策基于产品特性，但也取决于人们的可信度和道德。

· 体验设计概念

新的Fastems创新中心可以成为Fastems公司活动、商业、学习、研究和协作的焦点。创新中心为所有利益相关者提供深刻的体验：为实习生提供一个赋能环境，为潜在客户提供从一开始就能积极参与方案配置的可能性，以及加强现有客户与Fastems的关系。

该空间将向两个方向发展：一楼将是学生、研究人员和产品开发人员工作的地方，用于测试新产品；二楼新的玻璃会议室将专门用于商务会议和谈判。两项活动不分离，这具有根本意义：将 Fastems业务和Fastems产品开发作为一个整体进行交流，意味着传达一个有凝聚力、透明、值得信赖的品牌。我们相信这将是竞争优势。

借助新定义的空间，Fastems 可以将客户、学生和员工聚集在一起。从玻璃幕墙的升降会议室到中心，客户将体验到Fastems作为一家积极、激进、以人为本的公司，适合建立长期的企业对企业关系。由于产品是长期投资并且需要不断维护，因此信任是长期利益的关键，不只局限在购买时。

然而，重新设计空间并不足以实现所有设定的体验设计目标。协作的开放空间展现了人性和活力，除了参与体验和轻松体验仍然需要沟通体验。出于这个原因，我们在新会议室中放置一个交互式智能桌（图5.13）。在与客户讨论系统的可能配置时，我们认为智能桌是Fastems商务协商中心，无论客户是第一次购买产品还是更新系统。客户与Fastems代表一起，将不同的组件“放置”在智能桌面上，浏览不同部件的特性和兼容性。该空间使 Fastems人员能够以直观和引人入胜的方式让客户参与其系统的规划。

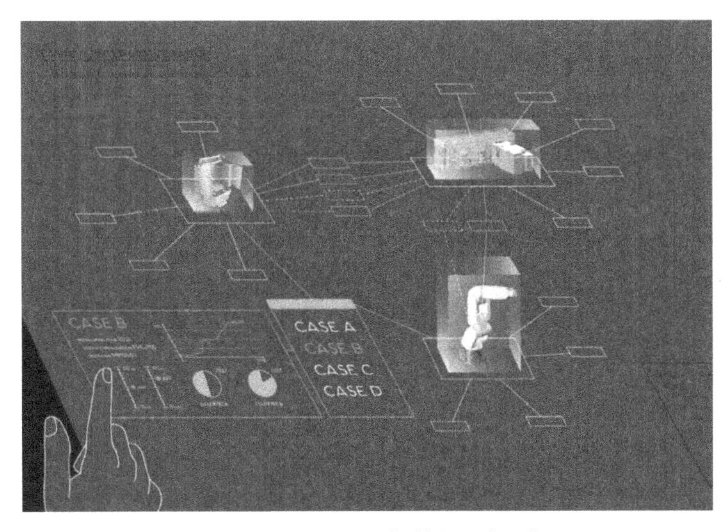

图5.13　Fastems 智能交互演示桌

在研究Fastems时，我们意识到对Fastems现有客户进行查询访问的重要性。我们提议Fastems可以增加邀请外界访问的机会，一种方式是在Fastems的研究中心实施。出于这个原因，Fastems还提供了一个参考案例库，以便让客户有可能从现有其他客户那里获得间接的“反馈”，并为他们匹配可以访问的最佳参考工厂。

客户可以查看Fastems系统的性能和生产报告，以及Fastems客户的服务满意度。通过匿名呈现参考案例，直到找到参考访问的匹配对象，客户的隐私被妥善保留。参考案例证实了Fastems产品的质量并建立了信任，因此将其纳入创新中心体验非常重要。

② 创造彼此激励的互动方式。是指员工通过彼此激励的人际交互方式，得到他人的肯定与赞美而获得自豪感。电弧焊先驱Kemppi集团为实习焊工设计了一款焊接训练App，直播新员工的焊接练习过程，并对练习作品进行图像识别与数据采集，分析评估焊接技能，将新员工取得突破的作品发布于Kemppi在线艺术馆。通过同事间的线上点赞与鼓励，激发新员工对焊接工作的自豪感。

案例 Kemppi焊接训练App设计

· 案例背景

在焊接行业，低消耗材料且为新手焊工提供逼真体验的虚拟培训工具变得越来越重要。同时，由于焊接是高难度的手工技能，根据材料、环境和用途的不同，其种类繁多，因此焊接的技能和知识不易获得。基于这些行业背景，作为世界领先的弧焊设备制造商和生产焊接解决方案提供商的Kemppi，希望通过体验驱动设计，唤起愉悦、自我激励和自豪的体验，这将鼓励焊工增加练习以提高他们的胜任感，借此还为Kemppi树立积极的品牌形象。Kemppi不仅提供高品质的焊机，还为客户提供焊接解决方案，同时也以更开放的视角关注焊接行业。从更长远的角度来看，有助于Kemppi与其客户之间建立更具体的关系。通过与Kemppi合作，客户会感到自豪和兴奋，因为这些体验驱动的设计成果会产生连锁反应。

该项目包含两个不同的想法，即用于焊接培训的智能手机应用程序，以及可以为Kemppi和未来焊工带来可能性的展览活动。移动应用程序帮助新手焊工在没有高价焊接设备的情况下进行实践，将带来愉悦、自我激励和自豪的体验，这将使焊工进入基础实践，逐步成为专业人士。展览活动旨在从突破的角度把握开放的可能性，通过此次活动，焊工可以体验成为真正的“价值创造者”，而Kemppi将有更多的商业机会与未来的客户会面，并将其作为创意营销策略的一部分。

· 体验设计目标

实践使焊工提高技能，帮助他们树立信心，最终使他们成为专业人士。然而，这个项目仍然存在长期的问题。这个项目如何帮助他们练习更多？什么样的体验可以自然地改变焊工的行为？设计成果对Kemppi及其客户的品牌形象有何影响？

焊接体验设计目标包括三个不同的视角：愉悦作为瞬间体验设计目标，自我激励作为情节体验设计目标，自豪作为累积体验设计目标。愉悦体验会使焊工主动地使用我们设计的应用程序，有助于对焊接产生更多的兴趣，这意味着他们可以进行更多的练习。当用户使用应用程序不断练习时，试图让他们进行自我激励，让焊工意识到他们需要对自己的综合能力进行培训，并不断地实践和学习。当乐趣和自我激励逐渐积累起来时，焊工就会对自己的技能、成果和工作感到自豪。

· 体验设计概念

体验设计的目的是建立一座桥梁，唤起愉悦、自我激励和自豪的体验，为焊工带来真正的实践和工作的动力，最终提高他们的职业自豪感。与真实情况相比，虚拟培训工具无法提供100%相同的体验，焊工需要进入真实的现场，应该看到、听到和感受他们所面临的环境。

通过这个焊接培训应用程序，用户可以提高他们的练习技能，例如保持稳定的手部移动，培养他们对焊接的内在兴趣。应用程序有三个主要功能：练习、分析和画廊。在练习部分，用户可以选择不同的任务并开始练习，直播焊接过程，然后通过图像识别技术，进行专家远程评估。在分析部分，用户可以检查他们的个人数据，例如他们在这个应用程序中获得了多少绩点，并且他们有机会获得Kemppi颁发的实体证书。画廊是与他人分享训练成果的地方，同行之间互相欣赏与点评，优秀作品将被入选Kemppi在线艺术馆（图5.14）。

图5.14 Kemppi焊接训练App

（4）他人导向-长期型自豪感设计策略

他人导向-长期型自豪感与员工归属感、忠诚度相关。通过日常办公触点，促进员工日常线下面对面非正式地交流各自的项目进展，加强集体荣誉感、身份认同感与人际关系。此外，成功案例故事库作为共享工具，有益于员工在日常工作中获取成功案例的经验与启发，进而培育企业自豪感。如表5.5所示。

表5.5　他人导向-长期型员工自豪感设计策略

企业	体验触点	体验设计机制	员工自豪感设计策略提炼
Rolls-Royce	数字导视系统	公共区域信息触点以供员工面对面分享公司成功事件	创造分享成功喜悦的日常触点
Rolls-Royce	磁性交流墙	公共区域实体触点以供员工面对面分享各自成功案例	
Velmet	产品可用性评估系统	系统跟踪记录成功产品的用户体验故事	建立成功案例故事库
Fastems	自动化系统遥控App	系统自动记录员工成功解决问题的案例	

① 创造分享成功喜悦的日常触点，强调员工在日常互动中分享项目成果以建立持久的集体自豪感。Rolls-Royce Marine公司的公共休息区域设有一块磁性交流墙，吸附多种刻有符号且可移动的小磁块。交流墙的中心主题为“是什么让我们感到自豪”。员工可以在日常休息交流中移动磁块，向同事展示所在项目的进展情况。磁性交流墙作为触发员工彼此分享成功的日常实体媒介，有助于培育员工长期自豪感。

案例　Rolls-Royce Marine公司内部庆祝体验设计

· 案例背景

该项目指定的任务是在Rolls-Royce Marine改进内部信息交流方式、营造鼓励员工互动的共享空间、培育员工自豪感并构建庆祝集体成功的新方式，并彰显Rolls-Royce的品牌标语“值得信赖，交付卓越”。对企业而言，给予员工应得的认可非常重要。该案例需要研究的设计问题有三方面：如何激发员工的集体自豪感；如何激发员工对项目的拥有感；除信息屏幕之外，如何设计分享成功信息的新触点。

· 体验设计目标

借鉴谢尔顿的心理需求表，定义了三个体验设计目标。亲和力，为员工在工作环境中共度更多时间创造可能性，使信息共享更有意义。自尊，强调员工要追求卓越和自我价值，为属于成功的团队或公司而感到自豪。自我实现，创造一个能够激发他们最大潜力的环境，而不是让工作生活停滞不前。

根据初步定下的体验设计目标，使用了“我们如何将……”的句型填充法来发现设计机会点。我们如何将人们聚集在一起？我们如何给出与他人互动的理由？我们如何增加不同部门之间的联系？我们如何将信息以有趣的形式呈现给员工？我们如何提升员工的自尊心？我们如何向员工展示他们工作的价值？

· 体验设计概念

交流墙是一块磁性板，上面放着有形的文字和符号。交流墙公布最高金额订单的信息，并允许员工围绕它进行互动。它位于办公室的公共区域，例如咖啡室（图5.15）。磁板分为七个部分，其中订单部分起最大作用。我们把顶级订单的信息放在了板子的中央，让每个人都能看到。这部分被称为“什么让我们感到自豪”，指的是Rolls-Royce制造的高品质产品。员工可以找到有关最高订单的相关信息，例如公司名称、项目持续时间、单位类型（例如船舶代码）和订购单位数量。

员工可以跟踪每个项目最终将交付的位置。这是通过放置数字来完成的，这些数字与地图上的不同项目相关联。“是什么让我们感到自豪”的核心思想是根据项目状态移动板上的磁块。例如，员工可以通过不同的阶段移动船舶形状的磁块：项目管理、工程、采购、生产线和交付。当订单到达交付阶段，员工可以放置为自己的工作感到自豪的明显标志和提醒。

图5.15 Rolls-Royce Marine 磁性交流墙

在项目状态部分，还有其他方法可以让员工保持最新状态。有一些具有更多社交方面的信息，例如，“认识新同事”是为他人介绍新员工的空间，由姓名标签和关于此人的简短描述组成。“感谢墙”是通过问“你今天想感谢谁”来表达对其他同事的感激之情。“约会墙”是一个社交平台，可以让员工认识尚未与之交谈的其他员工。例如，员工可以与另一位员工甚至来自另一层不同部门的员工一起喝咖啡。这使得新的互动能够发生并加强联系。“今天感觉怎么样”部分为员工提供表达日常感受的渠道。每个员工都有机会将自己的名字放在一个表情符号旁边，表情符号表达各种感受——从积极到消极。“今天发生了什么事”部分是为了让员工在办公大楼 Tiilitalo 内保持最新状态，我们创建了一个内部日历框架和每日时间表，以支持董事会的其他更新。在“今天发生了什么”部分有一个时钟，可以添加有关咖啡和午休时间的信息。在时钟的帮助下，员工更容易熟悉公司的工作文化和惯例。“Tiilitalo发生了什么”部分添加那些与工作没有直接关系的事件。它服务于内部日历内容的更新，以建立紧密联系的家庭感，欢迎每个人加入并参与正在进行的活动。

② 建立成功案例故事库，有利于员工从企业的成功案例中获取集体荣誉感与自豪感。自动化造纸企业 Velmet（唯美德）利用大数据追踪每个项目的客户长期满意度，记录客户问题的有效解决方式以及成功经验对后续项目的启发，并以故事的形式存储每项案例信息。成功案例故事库可以帮助员工查询企业项目的长期积极影响，提升员工的集体自豪感。

案例 Velmet用户研究游戏室设计

· 案例背景

Velmet公司是全球领先的开发者和供应商，专注于为制浆、造纸和能源行业提供工艺技术、自动化以及服务业务。Velmet 用户研究游戏室是一个用于员工分享公司产品和服务故事，想象和推测未来场景的实体空间。

Velmet 开发过程控制系统时面临的挑战之一是真实的系统和环境无法进行测试或实验。因此这个游戏室致力于用户体验探索，目的是将真实工作环境背景带入 Velmet 办公室，并创建一个基于物理与技术的虚拟环境，研发人员和其他人员可以将其用作设计和产品改进。

在用户研究游戏室开发和建设的过程中，一家室内设计公司研究房间的物理外观，坦佩雷大学的研究人员正在探索如何拍摄和保存房间内故事的技术细节，计划将房间用于内部设计和开发，也用于外部营销。设计者没有专注于房间的设计或布局，而是聚焦于创造一个框架，可以在房间里讲故事和收集故事，创想的概念聚焦于激发用户讲故事的动机，而不局限于将故事作为最终目标。

· 体验设计目标

体验设计目标本身必须在情境中有意义。例如从一个简单的问题开始：如何利用这个房间来激发动机？然后决定将动机作为解决这一抽象挑战的起点，因为动机作为心理成分在员工如何体验有意义的工作方面起着重要作用。在这方面，重要的不仅是一时的体验，还有长期体验。对于Velmet来说，用户研究游戏室必须是一个员工想要工作，甚至期待工作的地方，并且是一个让他们感觉工作动力有所提高的地方。

在游戏设计咨询公司 XEO design的4k2f（4keys to fun，享乐的四个关键，即新奇、挑战、友谊与意义）框架的帮助下，设计者可以将动机分为以下四个不同领域的“乐趣”：人情的乐趣、轻松的乐趣、困难的乐趣和严肃的乐趣，并一一进行了头脑风暴。根据头脑风暴和聚类的结果，得到了很多关于如何使用房间的想法，而目标是设计更多积极的体验。根据自决理论，动机背后的基本需求意味着自主性、胜任和相关性强烈存在于自豪和灵感中。因此，最后聚焦在两个体验设计目标上——自豪和灵感。

自豪和灵感都与胜任和成就感密切相关。自豪来自个人地位和成就，以及依恋和归属感。灵感的关键组成部分是乐观。我们发现与我们的用户一起指导终端用户的反馈，见证积极的体验并看到实际使用的设计，对于房间的研发人员来说是最有趣和鼓舞人心的。

· 体验设计概念

Velmet是一家拥有悠久历史和强大能力的企业，因此有资源建立一个可以收集用户故事的数据库。在该设计概念中，用户故事被收集到内部系统，并根据用户对不同故事的满意度自动分类（图5.16）。通过这种方式，项目研发团队可以探索、学习，并从早期的用户故事中获得创作灵感。项目研发团队可以看到项目进展，因此在数据库中搜索时也可以看到不同用户故事后续的更新状态。通过这种方式，项目研发团队可以遵循他们的想法直到概念实施的过程结束。

研究人员从调查中发现，终端用户的反馈对项目研发团队而言是最有价值的，因此也是激发项目研发人员自豪感的重要因素。研发人员应该直接与终端用户保持积极的互动。终端用户如果喜爱某种产品或服务可以打赏项目研发人员。这些打赏是以一个简短的视频问候发送的。除了问候，终端用户也可以发送反馈和设计理念。通过这种方式，研发人员可以通过反馈和看到投入使用的产品来激发自豪感，同时也可以通过了解用户需求和用户创新来激发灵感。

我们希望显示有关终端用户满意度长期变化的、清晰的定量数据。满意度可以自动跟踪，例如识别面部表情或语音分析。满意度应该与每个功能直接相关，以明确哪些是有效的，哪些需要改进。当终端用户的满意度很高时，这将提高研发人员的自豪感。此功能也可以使研发人员能够获得灵感并保持工作的目的性和意义。

为了补充定量信息，项目研发团队需要定性的用户故事。故事记忆随着时间变得更有意义。因此，体验设计师希望项目研发人员能正确理解并使用用户故事。通过系统将视频通话直接连接到刚刚使用相关功能的终端用户，项目研发人员可以直接从情境中获得更详细和及时的数据。该系统还创建了一个讨论平台，利用事件的可视化，通过跟踪动态例如鼠标移动和面部表情变化，将它们显示为视觉信息，分步表达用户故事。通过向研发人员和被调用的终端用户展示这种逐步的可视化用户故事，使他们之间的讨论有一个信息相当详细的平台，便于研发人员更深入地了解用户。

本系统将逐步使用可视化信息与电话会议的记录创建一个详细的用户故事。体验设计师相信它会激发项目研发团队的灵感并产生更多有效的解决方案。当研发继续将终端用户故事发展为具有解决方案和想法的设计故事时，体验设计师希望让研发人员更深入地了解用户的感受，以获得更多灵感。

图5.16　Velmet成功案例故事库

5.5

小结

员工自豪感是丰富且动态的积极体验。设计策略可以从提升个人成就感跨越到培养集体荣誉感，可以从激发即刻的自豪情绪延伸至保持稳定的自豪态度。所涵盖的设计对象可以从作业工具外延至服务系统、社交活动、企业文化等不同性质的工作体验触点。本书提出的员工自豪感设计策略可以贡献于以新的可能性驱动的体验设计，帮助设计师在工作情境中探索激发员工自豪感的机会点。此外，本书的研究思路是构建员工自豪感的概念维度作为实践案例的分析框架，进而提炼设计策略，为其他类别的体验设计研究提供探索路径。

本研究的局限性在于，员工自豪感概念化分类可能会限制设计机制的多样化挖掘，即一些有价值的设计机制可能会无法融入该框架。例如，本研究也可以根据数字-实体维度，提供相关自豪感的数字体验与实体体验设计策略。这种结构性局限也提醒设计师不可过度依赖现有的设计机制，而是应该结合多学科知识与设计情境，理解和构建具有情境适应性的员工体验设计机制。据此，未来研究可以有以下三个方向：第一，丰富研究案例的多样性以探究员工自豪感设计的新维度；第二，观察与对比其他领域的员工自豪感设计案例，研究现有设计策略是否具有普遍适用性，以及何种程度的设计情境的差异性会导致设计策略的不同；第三，未来可以对比研究中西文化语境下的员工自豪感设计策略。

6 工作体验设计的展望

6.1

体验设计目标扩展作业工具的设计机会空间

研究 I 通过三个设计案例表明，定义明确的工作体验设计目标可以通过重新塑造设计主题来扩展设计机会空间。在以体验为导向的设计课程与 B2B 重工业公司合作的背景下，设计专业的学生采用了以工作体验设计目标为导向的方法。他们首先解释了不同利益相关者的潜在价值、关切点和需求，然后将这些见解综合成目标人群的有意义的工作体验设计目标。该试验将工作体验设计目标转换为暂时性概念，以激发对不同利益相关者的共情理解、对未来场景的创造性想象以及构建没有预定义约束的主题框架。

设定具有深度意义的工作体验设计目标将最初的焦点从给定设计任务书中的具体问题转移到人类体验的潜在意义。工作体验设计目标使设计师远离了简单地追求零错误状态的陷阱。取而代之的是，工作体验设计目标提供了新的有见地的观点来重新定义原始问题，并且带来了不同维度的设计机会空间。例如，在自动化设备制造企业 Fastems 的一份设计任务书中，该公司关注其品牌在市场上的认知度，而给定的问题是产品外观的美感不佳。工作体验设计目标提供了新的设计视角，让客户感到惊叹、自豪和信任。统一的产品美学风格细节引发了惊叹的瞬间体验。与产品的特色功能的互动唤起客户自豪的情境体验。公司与客户通过移动应用程序联结并保持了长期的信任。由此产生的概念从传统的工业设计突破到交互设计再上升到服务设计，甚至延伸到战略设计。

该研究表明，工作体验设计目标有助于将设计的重点从单一终端用户的情况扩展到不同利益相关者网络；从由数字流程管理的人机交互到事件中的人与人面对面交流；从短暂的工作流程转变为对组织的长期忠诚度。因此，工作体验设计目标至少在社会和时间维度上扩展了设计机会空间。工作体验设计目标可以指导设计实践探索表现在符号和图像、实体人工制品、动作和活动，以及环境或系统的四个设计层面。

工作体验设计目标的介入可以支持一种可能性驱动的设计机会空间扩展方法，它们作为主要线条勾勒出设计师对体验愿景的想象。工作体验设计目标以高级、有远见的设计目标的形式简洁地具体化预期体验。换言之，工作体验设计目标明确了设计师的洞察和愿景，定义了目标体验的意义。因此，设定工作体验设计目标是一种深入的设计探究。在其他可能性驱动的设计方法中可以看到类似的探究，例如体验设计目标的第三层次结构中的“be-goals”，ViP 方法中的“定义目标的愿景”，幸福设计的人生目标，积极设计的三个要素，以及为有意义的体验而设计的“为什么”和“意义”。

工作体验设计目标的试验解决了设计溯因逻辑的核心挑战，从后果（例如需要解决的需求或要达到的价值）思考回原因（设计的对象、系统、服务）和工作原理（事物的工作方式以及实现功能所需使用的方式）。对工作体验设计目标候选项（即设计溯源中的后果）、试探性工作原理和创造性设计表达（即设计溯源中的原因）的探索是通过不断地识别和比较不同的可能性来扩展设计机会空间的探索过程。

综上，设置和转译工作体验设计目标有助于扩展设计机会空间。设置有意义的工作体验设计目标可以追溯到某些体验值得被设计的深层原因，为原有的设计机会空间提供新的维度，并与情境中存在的每个障碍保持一定的距离。此外，有意义的工作体验设计目标将设计溯因过程导向到寻找新的机会上，而无需预先定义设计产出的最终形式。

6.2

面向作业工具的体验设计目标构建策略

体验设计的一个挑战是设定预期的体验并将其很好地传达给不同的利益相关者。体验设计目标驱动的方法包括体验设计目标设置、实现和评估，这提供了按部就班的设计结构。然而，简化的设计活动结构很难让设计人员清楚地了解如何清晰和精确地设置工作体验设计目标，因为标准化的程序通常从设计内容、设计人员和设计情境中抽象而来，而体验设计本质上是面向内容的。在这个研究环境中，工作体验是设计内容的核心，而“有意义的工作体验”作为一个体验设计目标过于笼统和模糊，无法具体化体验设计的内容。

要为作业工具设计设定明确的工作体验设计目标，设计师首先应该了解在工作领域中什么是有意义的体验。工作意义机制揭示了工作如何变得有意义，这些机制用于解释工作获得意义或被认为有意义的潜在心理和社会过程。对于工作体验设计目标设置，这些机制提供了工作中深刻体验的理论来源，范围从自我导向到他人导向：真实、自我效能、自尊、目的、归属感、超越，以及文化和人际意义构建。前六项高级机制强调引导个人体验意义的心理过程，而最后一个机制——文化和人际意义构建，侧重于从社会和文化角度进行意义构建。这些机制可能会促进作业工具设计师对与目标环境相关的工作意义的全面理解。

为了设定高水平的设计目标，积极设计理论在人类繁荣的设计方面以最具可能性驱动和通用的框架为以体验为中心的设计提供方向。该框架由三个平衡的设计起点组成：愉悦、个人意义和美德。该框架涵盖了个人的瞬间愉悦、个人目标和灵感，以及理想化的人类价值。从用户体验时间跨度来看，愉悦倾向于瞬间体验，而个人意义和美德倾向于偶发或累积体验。

研究Ⅱ将10个选定的设计案例的工作体验设计目标分别映射到工作意义机制和积极设计的组成部分。结果表明，这两种理论的要素相辅相成，有助于引导作业工具的体验设计。研究Ⅱ提出了一个作业工具积极体验设计框架。

借助作业工具积极体验设计，如果设计师旨在为个人意义而设计，他们可以从自我效能机制的“能力”和“控制/自主”以及自我联结机制的“身份认同”和“个人参与”中获得灵感。除了以自我为导向，设计师还可以将个人意义与感知影响、工作意义和人际关系等其他导向机制所表现的感知联系起来。换言之，设计师可以将个人意义的设计与对自己的良好表现和与他人的社会互动的看法联系起来。

设计师可以较容易地将美德与工作意义的其他方面和亲社会性机制联系起来，例如人际关系，这有助于产生归属感和团结感。同样，设计师可以通过以自我为中心的机制来设计美德，例如个人参与、自尊和身份确认。

愉悦通常与享乐体验相关联，尤其是在休闲产品设计中。对于严肃的工业工作场所产品，设计似乎主要关注实用而不是乐趣。然而，研究Ⅱ表明，工作场所的愉悦设计可能与强调工作中沉浸和精力充沛的个人参与机制有关。

综上，根据提出的作业工具积极体验设计框架，工作意义机制充实了积极体验设计框架的每个组成部分，并提供了潜在的工作体验设计目标，从而帮助设计师解释工作的深层意义并将其转化为有意义的工作场所工作体验设计目标。然而，作业工具积极体验设计框架受到所选理论根源的限制，因此它只是工作场所体验设计目标设置的一种来源。其他研究，例如Tuch等人的研究结果表明，能力、知名度和安全需求的满足有助于工作中的积极体验，也可以被认为是为有意义的工作体验设定目标的潜在来源。

6.3 从工作体验设计目标跨越到设计表达

尽管许多心理和社会科学研究有助于了解某些体验，但很少有人能够直接告知设计师如何为这种体验进行设计。因此，设计研究人员试图将外部知识转化为设计原则，例如培养感恩、同理心、同情心和利他主义的设计策略。然而，这些理论中的大多数对于设计师来说可能显得过于抽象，远离设计任务所需指导的具体方面。

为了进一步研究抽象的工作体验设计目标与其概念实现之间的差距，研究Ⅳ以工作中的自豪感体验为目标。首先，研究Ⅳ通过自豪感的心理结构、工作中的自豪感体验和自豪感体验设计等方面的交叉理论，明确了“工作中的自豪感”的概念。基于文献研究，介绍了工作中自豪感的社会和时间维度：以自我为中心的短期自豪感、以自我为中心的长期自豪感、以他人为中心的短期自豪感和以他人为中心的长期自豪感。其次，本研究收集了20个体验设计案例，这些案例专门针对金属和工程行业的积极体验。与自豪有关的工作体验设计目标被分为四种类型的自豪感，然后将这些目标的提取设计策略映射到每种类型的自豪感中。这些自豪感设计策略结合了多学科的理论知识和实践中体现的设计知识，揭示了工作场所环境中的自豪感体验模式。这些策略各不相同，从“个人与工具的交互中激发自我成就”到“保持自我能力发展的长期动力”，从强调“个人在面对面协作工作中的贡献”到“通过社交活动培养集体的共同体验”。

除了从理论或案例中识别体验设计策略外，设计师还可以借用人种学方法（例如观察或设计探索）来获得对人类体验的共情理解，并进一步与利益相关者互动，共同打造目标用户的情境化体验。在本书研究情境中，大多数设计案例都是从目标情境中获得灵感的。因此，不同于从抽象的理论推导出体验模式，来自该情境的第一手数据的分析保持了体验的丰富性和新鲜度。

为预期体验而设计，设计师需要理解触发某种体验的科学机制，从启发性案例中学习实用的设计策略，并在目标情境中获得第一手数据。理论、案例和情境的综合知识可以整合分散的体验知识，促进体验模式的创建和应用，从而跨越体验设计目标与作业工具真实体验的差距。

6.4 工作体验设计目标在设计过程中的功用

为了获得更多关于工作体验设计目标作为设计概念工具的见解，研究Ⅲ展示了专家访谈的结果，提出了工作体验设计目标在背景探索、概念生成、概念评估和概念实施四种类型的设计活动中的潜在功能。

对于背景探索，专家访谈的结果揭示了利用工作体验设计目标的优势：以简洁的起点产生概念，系统地理解情境，并从设计师的初始想法中得出目标。因此，这些优势表明了工作体验设计目标在设计早期阶段的三个潜在功能：促进创意构思、对设计环境的共情理解和原创想法结晶。优质的体验设计目标是一个有趣的起点，形式上可以是描绘某种体验的短语或词组。协作设计中的所有利益相关者都可以理解。以体验设计目标为起点，背景探索有助于设计师引出不同利益相关者的感受，激发协作想象，鼓励不同视角的洞察。这些源自体验设计目标的洞察都是以体验为导向的。它们可能暗示着体验的深层原因，而不是现有的限制。因此，工作体验设计目标赋予设计早期阶段的构思能力。此外，体验设计目标设置可以集成到系统映射方法中，例如，为客户旅程中的每个利益相关者设置体验设计目标。带有相关想法的暂定工作体验设计目标提供了理解情境并标记探索的设计机会空间的渠道。研究结果还表明，工作体验设计目标在背景探索的第三个潜在功能中是以简单的形式抓住一个体验想法，例如，一个隐喻“感觉像……”成为后期设计过程中的设计驱动力。

访谈数据揭示了设计师在概念生成时需要处理的四个关键问题：为工作体验设计目标注入情境意义，丰富与工作体验设计目标的联想，将工作体验设计目标演变为迭代过程，以及平衡工作体验设计目标与其他目标。因此研究结果表明，第一，明确的工作体验设计目标可以帮助设计师继续专注于在设计情境中理解目标体验。第二，高层次的工作体验设计目标可以激起多样化的联想和创造性想象，可以将工作体验设计目标与具体的设计表达联系起来。第三，开发一个体验设计目标促进设计人员对体验设计目标及其相关概念的理解和反思的迭代循环。这引导体验设计目标演变为更具体的子设计目标或用新的子设计目标替换它。第四，工作体验设计目标提醒设计师和利益相关者在概念生成中平衡不同目标时要留意体验设计目标。

对于概念评估，专家的评论集中在与工作体验设计目标的潜在功能相关的三个方面：创造真实体验，保持概念开放和调整评估标准。首先，工作体验设计目标有助于表达体验品质。目标支持概念演示并协助设计师进行各种体验表达，从而为具义体验创造可能性。其次，概念评估中的工作体验设计目标旨在引发利益相关者的讨论并激发想法的产生，而不是保留或扼杀一个概念。然而，访谈数据指出工作体验设计目标和评估标准之间没有直接的关系。对于一个已开发的概念，从工作体验设计目标到具体措施的转换或关联可能需要设计者积极推理。这种转译使参与者很难从概念表达中确定哪些体验是设计目标。因此，在一定的设计情境下对工作体验设计目标的理解可以促进对特定概念的评价标准的调整。

对于概念实施，专家访谈的结果显示了工作体验设计目标在三个方面有利于概念设计者和概念实施者之间的沟通：唤起同理心、促进知识转移和开发设计要求。首先，沟通良好的工作体验设计目标可能会唤起对目标体验者的共情理解，并使一个共同的定义能够协调不同的解释，从而简化不同利益相关者之间的沟通。其次，对体验设计目标的共同理解支持跨不同学科的专业知识和源自体验设计目标的设计规范。

综上，一套清晰的工作体验设计目标可以唤起对目标环境的共情理解，支持设计机会空间探索，培养利益相关者的想象力，直接产生创意概念，简化不同利益相关者之间的沟通，促进子目标和设计需求的推导。尽管体验设计目标的这些潜在功能被归类在不同的设计活动中，但体验设计目标可以在创意设计过程的不同阶段充当多功能的设计工具。

6.5

未来展望

将工作体验设计目标用作设计师的探究工具，使设计师和其他利益相关者保持对协同设计实践中设计结果体验方面的关注。此项研究的设置旨在将工作体验设计目标集中在不同的设计活动中，这使得将工作体验设计目标设置和转译融入设计理念的具体查询成为可能。在实际工业设计案例中，工作体验设计目标应该与其他设计目标无缝集成，例如业务目标和技术规范安全标准。设计目标设定的未来研究空间很大。例如，如何将工作体验设计目标与其他设计关注点联系起来并保持平衡，如何与现有问题保持适当的距离，以及何时优先考虑工作体验设计目标以扩展所考虑的设计空间。除此之外，还有另一个挑战是如何将工作体验设计目标转化为体验规范，以及如何将其与其他设计标准相结合以进行概念评估。

可能性驱动设计是创造性地寻找幸福体验机会点的普适方法。本书指出了工作体验设计目标设置和转译作为可能性驱动设计的特定方法。在设计实践中，工作体验设计目标与其相关的具体化设计产出之间存在着至关重要的创造性飞跃。在传统的以用户为中心的设计方法中，设计目标通常是用户研究的直接结果，更具体地说，是从用户对产品的意见中抽象出来的。从用户问题到解决方案的转换，导致可用性和功能性层面的改良。换言之，它只处理操作层面与功能层面的设计目标。然而，可能性驱动的体验设计着眼于意义深远的“为什么”，相应的，设计转译开始从意义层面到功能层面再到操作层面。

理论提供适当的知识抽象手段并以此允许设计师与用户数据“保持距离”，这在将高级目标转化为想法方面发挥着重要作用。理论不仅提供了目标设定结构或观点，而且在适当的水平上对设计目标进行了解释和具体化。设计理论有助于通过其他学科理论的潜在输入进而触发新颖的想法。例如，受活动理论和认知理论的启发，Hassenzahl开发了一个三级目标层次结构，并进一步利用心理需求作为在体验设计中设定目标的来源。同样，Desmet和Pohlmeyer将积极心理学应用到设计中，以实现三个子目标：个人意义、愉悦和美德。本书以工作意义机制延续积极设计研究范式，构建了作业工具积极设计框架，提出了在重工业背景下人类繁荣的特定体验。此外，本书综合组织管理和心理学，并建立了工作自豪感体验的设计框架。

除了提出深入的有意义的工作体验设计目标之外，认知和社会科学的理论（例如核心任务分析和联合认知系统）提供了框架，可以有效和系统地从用户研究中获得新的设计见解。这些见解有助于目标设定和子目标推导，更重要的是，有助于在有针对性的背景下理解这些理论信息目标。这些基于理论和情境化的分析可以进一步发展为实用的设计原则，因此有利于通过理论和情境推理产生想法和概念重构。

本书的总体贡献可以被视为主要人类繁荣的积极设计的新生理论的延伸与具体化。意义改变的激进创新理论、工作意义机制以及自豪感的心理和组织理论，分别支撑了体验设计机会空间拓展、工作积极体验设计框架与员工自豪感设计策略。所有这些源理论，都对设计理论的发展具有启发意义。由此产生的以理论为依据的设计指导和原则不可避免地继承了源理论的弱点，其中最明显的一个弱点是缺乏用所得理论测试设计案例的实证。

在体验设计目标类别中，品牌体验设计目标、客户体验设计目标、用户体验设计目标、员工工作体验设计目标和公司层面的体验设计目标的连贯一致设置，值得体验设计师、营销人员和产品经理合作进行研究。设计研究人员需要注意体验设计目标设置的不同方法，例如，如何优化除主要产品之外的新接触点的可能性驱动服务设计。此外，需要进行体验设计目标的适当性指导，即如何在构思之前批判性地考虑与证明体验设计目标的伦理问题。

本书研究的学生设计案例倾向于使用更多设计工具和方法来进行概念合理化，例如，用隐喻构建愿景并抽象隐喻的特征，然后将它们转化为新设计语境。设计工具擅长将生硬的科学理论转化为有趣的设计知识，例如，用于设计构思的各种卡片和启发设计构思的游戏。据此，设计师应该根据外部资源并自主开发自助工具和方法。

未来的研究还可以关注协同设计中的体验设计目标设置如何支持不同利益相关者对体验设计目标转译的承诺。此外，体验设计目标可以潜在地构建实地研究，产生体验洞察，集合设计见解，并得出评估标准。这些潜在的功能表明，需要将体验设计目标从纯粹的概念探询转变为具有不同格式的、多层次抽象程度的设计探究工具，以用于不同的设计活动目的。例如，用于头脑风暴的体验式品牌承诺的设计表达应该不同于产品细节评估的体验型指标。与体验设计目标相关的工具开发可以从设计探究工具的五种品质开始：感知、概念、外化、通过行动理解和调解。

为了实现特定的体验设计目标，设计研究应该包含更广泛和更新的理论框架，并加深对这种体验的客观理解。同样，艺术方法中的体验实现，例如电影和小说中的情节，可以激发体验模式的产生。在重工业工作场所背景下产生的自豪体验的设计策略可以在其他领域进行进一步测试，例如医疗保健环境。不同背景下的某种体验的设计案例值得收集、分析和比较，以完成该体验的设计策略列表。同样重要的是，设计研究人员应该更积极地参与体验设计实践，记录设计活动中体验设计目标的设置和使用过程，并思考某个体验设计目标成功或失败的原因。

6.6 结语

对于绝大多数成年人而言，大部分的清醒时间都用于工作。压力、倦怠、不安全感和裁员等工作消极方面，是传统心理学广受讨论的研究主题。但是，工作可以潜在地为劳动者提供积极的体验，例如令人兴奋的成就感、温暖如家的归属感以及放松享乐与自我调节的平衡感。类似这些在工作中产生的且具有深远意义的体验促进着人类的蓬勃发展，也对企业绩效产生着积极的影响。自20世纪以来，研究人员从心理学和组织行为学的角度研究了唤起工作积极体验的方式，例如提升工作动机和工作满意度。这些研究有助于设计工作任务的具体内容、方法和结构。然而，很少有研究聚焦工作中使用的产品对塑造工作体验的积极影响：工具特征和属性可以向员工描绘整个工作活动如何令人满意、兴奋和有意义。因此，需要新的方法来设计与工作相关的产品，尤其是考虑到员工的工作幸福感体验。

设计是一个动态的进化过程，需要一个起点、一个想法、一颗滋养和成长的种子。在设计实践的早期阶段，设计内容的目标影响着设计策略的选择。最近，关于可能性驱动的设计研究将设计方向从传统的解决问题以实现无错误状态，转变为创造性地寻找人类繁荣的潜力。本研究专注于有意义的体验作为可能性驱动设计实践中的高级设计目标。值得一提的是，本研究将体验设计目标作为一种概念工具，将预期体验具体化，并支持设计师在设计过程的不同阶段管理体验设计内容。体验设计目标强调了设计中两个相互交织的挑战：设计哪些体验（即体验设计目标的设定）以及如何通过创造条件（即体验设计目标实现）来唤起目标体验。体验设计目标的设定和实现触及了可能性驱动设计的核心，即设计溯因逻辑，设计师不断试验体验设计目标和可能的手段来唤起目标体验，直到两者之间获得适当的匹配。

本研究的重点是通过作业工具设计唤起有意义的工作体验。在产学研合作的研究背景下，本研究开展了体验驱动设计课程，并指导了B2B重工业企业与高校合作的设计项目。本研究旨在工作中唤起有意义的体验，并调查了体验设计目标在硕士生设计活动中的设置和使用。为了应对体验设计目标设置的挑战，工作意义机制和积极设计框架被用作源理论，这些理论为设定有意义的体验设计目标提供了多重维度和意义来源。工作意义理论框架呈现出从追求能动性到共融的维度，以及从自我导向到他人导向的维度。同时，积极设计框架涵盖了体验意义的瞬时享乐和长期幸福两个方面。利用这两个理论视角，本研究从10个案例中收集了31个体验设计目标并进行深入分析。研究结果表明，这两个框架的理论元素是互补的，有助于建立面向作业工具的积极设计框架。该框架分别从工作意义角度指出为美德、个人意义和愉悦而设计的途径，并包含了两个源理论的多个维度。不受作业工具的限制，新框架可以应用于其他类型的设计产出。此外，它还可以作为员工体验研究和公司投资作品集设计的指南。

本研究解决的第二个挑战是弥合工作体验设计目标设置与实现之间的差距。一些体验设计研究提出了高层次的设计目标，但很少有人明确说明在特定背景下实现体验设计目标的策略。这项研究发现，在收集的35个案例中自豪感是最多被设计的体验设计目标，并在时间和社交维度上将其分类。通过分析设计报告中与自豪感相关的体验设计目标的设计推理，本研究提出了工作自豪感的设计策略。这些策略从“个人与工具的交互中唤起自我成就”延伸至“保持自我能力发展的长期动力”；从强调“个人在面对面协作工作中的贡献”到“通过社交活动培养集体的共同体验”。

在B2B工业环境中，实现有意义的工作体验与员工的工作效率、工作满意度和职业自豪感有关。从客户的角度来看，有意义的员工体验会提高生产力、竞争力、集体文化和归属感。从作业工具提供商的角度来看，引人注目的用户和客户体验可以被视为竞争优势和市场差异化的有前景的来源。因此，体验设计目标设置探索了用户体验目标、客户体验目标、员工体验目标和品牌体验目标之间的相互作用，并进一步促进了设计机会空间从主要产品向服务接触点甚至公司战略的扩展。在如此复杂和网络化的环境中，体验设计目标设置作为一种设计探究工具促进了探索性框架过程，得以在“为谁设计体验”“为何种体验而设计”以及“如何唤起目标体验”之间进行匹配。专家访谈的结果表明，体验设计目标可以支持创意设计实践中的重构、反思和交流。体验设计目标可以不断提醒设计团队在设计实践的不同阶段专注于体验方面。研究结果还建议利用体验设计目标的各种表达形式，促进不同利益相关者共同商讨设计的体验方面。

从研究方法的角度，本书立足于正在快速发展的设计研究领域，旨在对聚焦体验的设计原理和实践做出贡献。设计研究具有前瞻性、探索性和多样性。Blessing和Chakrabariti基于两种诉求把设计研究划分为两个主要方向：理解设计现象和支持设计实践。同样，基于Frayling的设计研究特征，Zimmerman、Stolterman和Forlizzi确定了两种类型的设计理论：揭示设计作为一种人类活动的理论和改进设计实践的理论。本书积极回应了“设计体验先于设计产品”的观点，并介绍了对传统的以用户为中心设计的最新批判及其可能会对突破性创新施加的限制。因此，本书属于相关设计实践的研究，将解决问题的设计取向转变为寻求可能性的设计取向，支持设计师在目标环境中积极地识别、理解和实现利益相关者有意义的体验。

设计理论和工具应该鼓励有经验的设计师用他们的直觉、灵感和生活经验自由地设想“应该是什么”，而不是直接用“实际是什么”的教义来为设计师提供工作体验设计目标和体验模式。作者承认，几乎没有确凿的证据直接表明，工作体验设计目标以及提议的作业工具积极设计框架能够引导创造有意义的工作体验。合作公司对学生项目的反馈可以作为支持材料，这表明工作体验设计目标驱动的方法可以帮助公司创造新颖的设计概念。尽管理论结果表明它们在整理数据方面的可行性，但在证明源理论的合理性时这可能会导致另一个理论限制。诚然，不能排除其他理论框架可以更好地对实证数据进行编码和分类的可能性。预先确定的概念框架的范围或结构可能会排除其他有价值的发现和见解，这意味着如果设计师过度坚持本研究的最终设计原则和框架，可能会产生构思的潜在危险。

综上所述，本研究响应了面向人类繁荣的可能性驱动设计的最新趋势，借鉴了组织管理中工作意义的分类学形式和框架。基于积极设计这一新生理论，本研究针对工作体验的积极设计做了一系列的探索。对于重工业领域，这项研究有助于促进设计导向从工程驱动的产品改进转向有意义的体验愿景创造。未来的研究可以首先致力于实践中体验设计目标实现的证据：上述研究成果如何帮助公司开发个性化定制的体验设计策略，将体验洞察转化为设计目标设定，优化体验设计目标在协同设计过程中沟通、转译与评估的功能，并最终对工作体验产生影响。此外，面向体验设计目标设置和实现的设计工具值得进一步开发，以支持设计实践早期阶段的机会空间的拓展与聚焦。

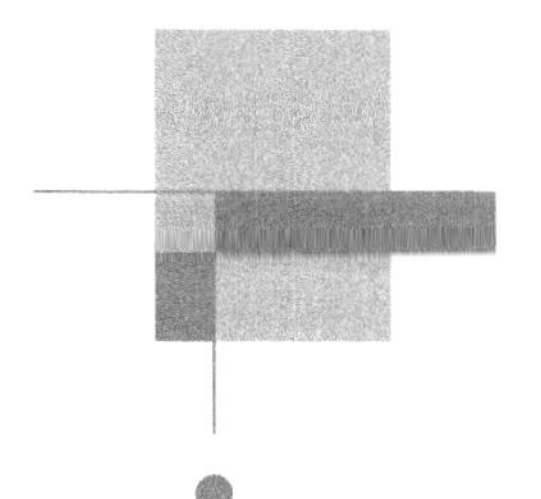

参考文献

AIKALA M, MANNONEN P, 2014. Defining user experience goals for paper quality control system[C]//KAASINEN E, KARVONEN H, LU Y C,et al. The fuzzy front end of experience design: workshop proceedings. Helsinki: VTT Technology.

ARISTOTLE,1985. The nicomachean ethics[M]. Indianapolis: Hackett Pub. Co.

BAILEY C, MADDEN A,2017. Time reclaimed: temporality and the experience of meaningful work[J]. Employment and Society, 31(1): 3-18.

BAKKER A B, XANTHOPOULOU D,2009. The crossover of daily work engagement: test of an Actor-partner interdependence model[J]. Journal of Applied Psychology, 94(6):1562-1571.

BANDURA A, 1977. Social learning theory[M]. Englewood Cliffs, NJ: Prentice-Hall.

BARGAS-AVILA J A, HORNBÆK K, 2011. Old wine in new bottles or novel challenges: a critical analysis of empirical studies of user experience[C]//Association for Computing Machinery. Proceedings of the SIGCHI Conference on human factors in computing systems. New York, NY: ACM:2689-2698.

BATE P, ROBERT G,2007. Bringing user experience to health care improvement[M]. Abingdon, UK: Radcliffe.

BATTARBEE K, KOSKINEN I,2008. Co-experience: product experience as social interaction[M]// SCHIFFERSTEINH N J,HEKKERT P.Product experience. Amsterdam: Elsevier: 461-476.

BATTARBEE K, 2004. Co-experience: understanding user experiences in social interaction[D]. Finland: Aalto University.

BAUMEISTER R F, 1998. The self[M]//GILBERT D T, FISKE S T.The handbook of social psychology. New York: McGraw-Hill: 680-740.

BAUMEISTER R F, VOHS K D,2002. The pursuit of meaningfulness in life[M]//SNYDER C R, LOPEZ S J. The handbook of positive psychology. New York: Oxford University Press: 608-618.

BAUMEISTER R F, LEARY M R, 1995. The need to belong: desire for interpersonal attachments as a fundamental human motivation[J]. Psychological Bulletin,117(3): 497-529.

BAYAZIT N,2004. Investigating design: a review of forty years of design research[J]. Design Issues,20(1): 16-29.

BECCARI M,2007. Eleven lessons: managing design in eleven global companies—desk research report[M]. Design Council, UK.

BENDASSOLLI P F, BORGES-ANDRADE J E, ALVES J S C, et al,2015. Meaningful work scale in creative industries: A confirmatory factor analysis[J]. Psico-USF, 20(1): 1-12.

SHARP H, PREECE J, ROGERS Y,2019.Interaction design: beyond human-computer interaction[M]. 5th ed.Chichester: John Wiley & Sons.

BLESSING L T M,CHAKRABARTI A,2009. DRM: a design reseach methodology[M]. Dordrecht: Springer.

BLYTHE M, WRIGHT P, MCCARTHY J, et al,2006. Theory and method for experience-centered design[C]// Association for Computing Machinery.CHI' 06 extended abstracts on human factors in computing systems. New York, NY: ACM:1691-1694.

BØDKER S, 2006. When second wave hci meets third wave challenges[C]//Association for Computing Machinery. Proceedings of the 4th nordic conference on human-computer interaction: changing roles.New York, NY: ACM: 1-8.

BØDKER S,2015. Third-wave HCI, 10 years later:participation and sharing[J]. Interactions,22(5):24-31.

BOON C, DEN H D N, BOSELIE P, et al,2011. The relationship between perceptions of HR practices and employee outcomes: Examining the role of person-organization and person-job fit[J]. The International Journal of Human Resource Management, 22(1):138-162.

BOWMAN D A,MCMAHAN R P,2007. Virtual reality: how much immersion is enough[J].Computer,40(7): 36-43.

BRADBURN N,1969. The structure of psychological well-being[M]. Chicago, IL: Aldine.

BRAKUS J J,SCHMITT B H,ZARANTONELLO L, 2009. Brand experience: what is it? How is it measured? Does it affect loyalty? [J].Journal of marketing, 73(3): 52-68.

BRESLIN M, BUCHANAN R, 2008. On the case study method of research and teaching in design[J].Design Issues,24 (1): 36-40.

BRIEF A P, 1998. Attitudes in and Around Organizations[M]. Thousand Oaks, CA: Sage.

BUCHANAN R,1992. Wicked problems in design thinking[J]. Design Issues,8(2): 5-21.

BUCHANAN R,2001. Design research and the new learning[J]. Design Issues,17(4): 3-23.

BUCHANAN R, 2009. Thinking about design: an historical per-spective[M]//MEIJERS A. In philosophy of technology and engineering sciences. Amsterdam: Elsevier: 409-453.

BURMESTER M,ZEINER K, LAIB M,et al,2015. Experience design and positive design as an alternative to classical human factors approaches[M]//BECKMANN C,GROSS T. INTERACT 2015 adjunct proceedings. Bamberg: University of Bamberg Press:153-160.

BUTLER J,KERN M L,2016. The PERMA-profiler: a brief multidimensional measure of flourishing[J]. International Journal of Wellbeing, 6(3):1-48.

CALVO R A,PETERS D,2014. Positive computing: technology for wellbeing and human potential[M]. Cambridge,Mass.: MIT Press.

CAMERE S, BORDEGONI M, 2015. A strategy to support experience design process: the principle of accordance[J]. Theoretical Issues in Ergonomics Science,16 (4): 347-365.

CARROLL J M,2013. Creativity and rationale: the essential tension[M]//CARROLL J M. In Creativity and rationale: enhancing human experience by design. London: Springer: 1-10.

CARTWRIGHT S, HOLMES N,2006. The meaning of work: the challenge of regaining employee engagement and reducing cynicism[J]. Human Resource Management Review, 16(2): 199-208.

CHALOFSKY N,2003. An emerging construct for meaningful work[J]. Human Resource Development International, 6 (1):69-83.

COCKTON G,2017. New process, new vocabulary: axiofact= a_ tefact+ memoranda[C]//Association for computing machinery. Proceedings of the 2017 CHI conference extended abstracts on human factors in computing systems. New York, NY: ACM:747-757.

CONVERTINO G,FRISHBERG N,HOONHOUT J,et al,2015. The landscape of UX requirements practices[M]//ABASCALJ, BARBOSA S, FETTER M,et al.Human-computer interaction - INTERACT 2015. Cham: Springer International Publishing: 673-674.

CROSS N,1996. Method in their madness: published inaugural lecture as professor of design methodology[M]. Delft: Delft University Press.

CROSS N,2001. Designerly ways of knowing: design discipline versus design science[J].Design Issues,17 (3): 49-55.

CROSS N,2006. Designerly ways of knowing[M]. New York, NY: Springer.

CROSS N,2007. Forty years of design research[J].Design Studies, 28(1): 1-4.

CSIKSZENTMIHALYI M,1975. Play and intrinsic rewards[J]. Journal of Humanistic Psychology,15: 41-63.

CSIKSZENTMIHALYI M,1990. Flow: the psychology of optimal experience[M]. New York, NY: Harper & Row.

CUMMINS R A, 1996. The domains of life satisfaction: an attempt to order chaos[J]. Social Indicators Research, 38:303-332.

CUMMINS R A, 2010. Subjective well-being, homeostatically protected mood and depression: a synthesis[J]. Journal of Happiness Studies, 11:1-17.

CUPCHIK G C, HILSCHER M,2008. Holistic perspectives on the design of experience[M]//SCHIFFERSTEIN H N J, PAUL H.Product Experience. San Diego, CA: Elsevier Science: 241-255.

DAGENAIS-DESMARAIS V,SAVOIE A, 2012. What is psychological well-being, really? A grassroots approach from the organizational sciences[J]. Journal of Happiness Studies, 13(4):659-684.

DALSGAARD P, 2017. Instruments of Inquiry: Understanding the Nature and Role of Tools in Design[J]. International Journal of Design,11(1): 21-33.

DE TELLA R, MACCULLOCH R,2008. Gross national happiness as an answer to the Easterlin Paradox[J]. Journal of Development Economics, 86:22-42.

DESMET P M A,PORCELIJN R, VAN DIJK M B,2007. Emotional Design; Application of a Research-Based Design Approach[J].Knowledge, Technology & Policy,20 (3): 141-155.

DESMET P M A, POHLMEYER A E,FORLIZZI J,2013.Special Issue Editorial: Design for Subjective Wellbeing[J].International Journal of Design,7 (3): 1-3.

DESMET P M A, POHLMEYER A E,2013.Positive Design: An Introduction to Design for Subjective Wellbeing[J].International Journal of Design,7 (3): 5-19.

DESMET P M A,SCHIFFERSTEIN H N J,2011. From Floating Wheelchairs to Mobile Car Parks: A Collection of 35 Experience-driven Design Projects[M]. Den Haag, NL: Eleven Publishers.

DESMET P M A,HASSENZAHL M,2012. Towards Happiness: Possibility-Driven Design[M]//ZACARIAS M, DE OLIVEIRA J V. In Human-Computer Interaction: The Agency Perspective. Berlin: Springer: 3-27.

DESMET P M,2012. Faces of product pleasure: 25 positive emotions in human-product interactions[J]. International Journal of Design, 6(2):1-29.

DESMET P, HEKKERT P,2007. Framework of product experience[J]. International journal of design, 1(1):57-66.

DÉTIENNE F,2006. Collaborative design: Managing task interdependencies and multiple perspectives[J]. Interacting with Computers, 18(1):1-20.

PREECE J, SHARP H, ROGERS Y,2015.Interaction Design: Beyond Human-Computer Interaction[M]. Hoboken,NJ:John Wiley and Sons

DEWEY J,1934. Art as experience[M]. New York: Minton, Balch, and Company.

DIENER E, 1984. Subjective wellbeing[J]. Psychological Bulletin, 95:542-575.

DIENER E,2000. Subjective wellbeing: the science of happiness and a proposal for a national index[J]. American Psychologist, 55(1):56-67.

DODGE R, DALY A,HUYTON J,et al,2012. The challenge of defining wellbeing[J]. International Journal of Wellbeing, 2(3):222-235.

DORST K,1997. Describing Design: A Comparison of Paradigms[D].Delft:Technology University.

DORST K, 2008. Design Research: A Revolution Waiting-to-Happen[J]. Design Studies, 29(1): 4-11.

DORST K, 2015. Frame Creation and Design in the Expanded Field[J]. The Journal of Design, Economics, and Innovation,1 (1): 22-33.

DORST K, 2015. Frame Innovation: Create New Thinking by Design[M]. Cambridge, Mass.: MIT Press.

DORST K, 2016. Design Practice and Design Research: Finally Together[M]//LLOYD P,BOHEMIA E,BOHEMIA E. DRS2016: Design + Research + Society-Future-Focused Thinking. London: Design Research Society: 2669 - 2678.

EDMONDSON A C,MCMANUS S E,2007. Methodological Fit in Management Field Research[J].Academy of Management Review,32 (4): 1155-1179.

EID M,DIENER E,2004. Global judgments of subjective wellbeing: Situational variability and long-term stability[J]. Social Indicators Research, 65(3): 245-277.

ERBUOMWAN N F O, SIVALOGANATHAN S, JEBB A, 1996. A survey of design philosophies, models, methods and systems[C]//Proceedings of the Institution of Mechanical Engineers, Part B.Journal of Engineering Manufacture, 210(4): 301-320.

EREAUT G, WHITING R, 2008. What Do We Mean by 'Wellbeing' ? And Why Might It Matter? [M].

Department for Children, Schools and Families.

FAIRLEY R, THAYER R, 1997. The concept of operations: The bridge from operational requirements to technical specifications[J]. Annals of Software Engineering, 3(1): 417-432.

FAIRLIE P, 2011. Meaningful work, employee engagement, and other key employee outcomes: Implications for human resource development [J]. Advances in Developing Human Resources, 13 (4):504-521.

FEAST L,2015. Investigating Collaboration in Interdisciplinary Design Teams[D].Melbourne: Swinburne University of Technology.

NUUTINEN M, KOSKINEN H, SEPPÄNEN M,et al,2015. User experience and usability in complex systems 2010-2015[M]. Tampare: FIMECC.

FLICK U,2009. An Introduction to Qualitative Research[M]. 4th, ed. London: SAGE.

FORLIZZI J, BATTARBEE K, 2004. Understanding experience in interactive systems[C]//BENYON B,MOODY P. Proceedings of the 5th conference on Designing interactive systems: processes, practices, methods, and techniques.New York: ACM:261-268.

FORLIZZI J, FORD S, 2000. The building blocks of experience: an early framework for interaction designers[C]//BOYARSKI D,KELLOGG W A.Proceedings of the 3rd conference on Designing interactive systems: processes, practices, methods, and techniques. New York: ACM: 419-423.

FRAYLING C, 1993. Research in Art and Design[J]. Royal College of Art Research Papers, 1(1): 1-5.

FREUD S,1961. Civilization and its Discontents[M]. New York: W. W. Norton.

FRIEDMAN K, STOLTERMAN E, 2015. Series: Design Thinking, Design Theory[M]. Cambridge, Mass.: MIT Press.

FRIEDMAN K, 2003. Theory Construction in Design Research Criteria: Approaches, and Methods[J]. Design Studies, 24 (6): 507-522.

FRIEDMAN K, 2006. Experience Economies: Design as Culture[C]//SOTAMAA Y, KNUDSEN G,BURNETTE C.Cumulus Working Papers Copenhagen.Helsinki:University of Art and Design Helsinki: 18-24.

GABLE S L, HAIDT J, 2005. What (and why) is positive psychology? [J]. Review of General Psychology, 9:103-110.

GERO J S, KUMAR B, 1993. Expanding Design Spaces Through New Design Variables[J]. Design Studies, 14 (2):210-221.

GOUTHIER M H, RHEIN M, 2011. Organizational Pride and Its Positive Effects on Employee Behavior[J]. Journal of Service Management, 22 (5):633-649.

GRUBER M, DE LEON N, GEORGE G, 2015. Managing by Design[J]. Academy of Management Journal, 58 (1):1-7.

HACKMAN J R, OLDHAM G R, 1976. Motivation Through the Design of Work: Test of a Theory[J]. Organizational Behaviour and Human Performance, 16 (2): 250-279.

HALLBERG L R, 2006. The 'Core Category' of Grounded Theory: Making Constant Comparisons[J]. International Journal of Qualitative Studies on Health and Well-Being,1 (3):141-148.

HARBICH S, HASSENZAHL M, 2008. Beyond Task Completion in the Workplace: Execute, Engage, Evolve, Expand[C]//PETER C,BEALE B.In Affect and Emotion in Human-Computer Interaction: From Theory to

Applications. Berlin:Springer:154-162.

HARBICH S, HASSENZAHL M, 2017. User Experience in the Work Domain: a Longitudinal Field Study[J]. Interacting with Computers, 29 (3): 306-324.

HARTSON R, PYLA P S, 2012. The UX Book: Process and Guide- lines for Ensuring a Quality User Experience[M]. Waltham, MA: Elsevier.

HASSENZAHL M, 2010. Experience Design. Technology for All the Right Reasons[M]. San Francisco, CA: Morgan & Claypool.

HASSENZAHL M, 2013. Experiences before things: a primer for the (yet) unconvinced[C]//MACKAY W E.In CHI '13 Extended Abstracts on Human Factors in Computing Systems.New York: ACM:2059-2068.

HASSENZAHL M, 2014.Experience Design Tools: Need Cards[EB/OL]. [2016-11-11]. https://hassenzahl.wordpress.com/experience-design-tools/.

HASSENZAHL M, DIEFENBACH S, GÖRITZ A,2010. Needs, Affect, and Interactive Products-Facets of User Experience[J]. Interacting with Computers,22 (5): 353-362.

HAWORTH J, LEWIS S, 2005. Work, Leisure and Well-Being[J]. British Journal of Guidance and Counselling, 33 (1):67-79.

HEIKKINEN M, MÄÄTTÄ H, 2013. Design driven product innovation in enhancing user experience oriented organisational culture in B-to-B organisations[C]//IEEE Tsinghua International Design Management Symposium 2013 Proceedings Beijing:IEEE Institute of Electrical and Electronic Engineers:127-135.

HEKKERT P, MOSTERT M, STOMPFF G, 2003. Dancing with a Machine: A Case of Experience-driven Design[C]//HANINGTON B.Proceedings of the 2003 international conference on designing pleasurable products and interfaces. Pittsburgh: ACM:114-119.

HEKKERT P,VAN DIJK M,2011. Vision in Design: A Guidebook for Innovators[M]. Amsterdam: BIS.

HERZBERG F, MAUSNER B, SNYDERMAN B B, 1959. The Motivation to Work[M]. New York: John Wiley and Sons.

HOGGY M, TERRY D J, 2000. Social Identity and Self-Categorization Processes in Organizational Contexts[J]. Academy of Management Review, 25(1):121-140.

HOLBROOK M B, HIRSCHMAN E C, 1982. The Experiential Aspects of Consumption: Consumer Fantasies, Feelings, and Fun[J]. Journal of Consumer Research, 9 (2):132-140.

HONE LC, JARDEN A, SCHOFIELD G M, et al, 2014. Measuring flourishing: The impact of operational definitions on the prevalence of high levels of wellbeing[J]. International Journal of Wellbeing, 4(1):62-90.

HOOGERVORST J, 2017. The imperative for employee-centric organizing and its significance for enterprise engineering[J]. Organizational Design & Enterprise Engineering, 1(1): 1-16.

HUMPHREY S E, NAHRGANG J D, MORGESON F P, 2007. Integrating Motivational, Social, and Contextual Work Design Features: A Meta-Analytic Summary and Theoretical Extension of the Work Design Literature[J]. Journal of Applied Psychology, 92: 1332-1356.

HUPPERT F A, SO T T, 2013. Flourishing across Europe: Application of a new conceptual framework for defining well-being[J]. Social Indicator Research, 110: 837-861.

JAHODA M, 1966. Notes on Work[M]// LOEWENSTEIN R. In Psychoanalysis: A General Psychology. New York: International Universities Press:622-633.

JENSEN J L, 2014. Designing for Profound Experiences[J]. Design Issues, 30(3):39-52.

JIMINEZ S, POHLMEYER A E, DESMET P M,et al, 2014. Learning from the positive: A structured approach to possibility-driven design[C]//SALAMANCA J, DESMET P, BURBANO A.The Colors of Care: Design & Emotion 2014, 9th International Conference, Colombia. Colombia: Universidad de Los Andes.

JORDAN P W, 2000. Designing Pleasurable Products: An Introduction to the New Human Factors[M]. London: Taylor & Francis.

KAASINEN E, KARVONEN H, LU Y, et al, 2015. The Fuzzy Front End of Experience Design[C]//ROTO V,HÄKKILÄ J.Proceedings of the 8th Nordic Conference on Human Computer Interaction: Fun, Fast, Foundational. Helsinki: ACM:797-800.

KAASINEN E, ROTO V, HAKULINEN J, et al, 2015. Defining User Experience Goals to Guide the Design of Industrial Systems[J]. Behavior & Information Technology, 34 (10):976-991.

KAHNEMAN D, DIENER E, SCHWARZ N, 1999. Well-being: Foundations of Hedonic Psychology[M]. New York, NY: Russell Sage Foundation Press.

KARAPANOS E, ZIMMERMAN J, FORLIZZI J, et al, 2009. User experience over time: an initial framework[C]//JONES M,PALANQUE P.Proceedings of the SIGCHI conference on human factors in computing systems. New York: ACM:729-738.

KARVONEN H, KOSKINEN H, HAGGRÉN J, 2012a. Defining user experience goals for future concepts: A case study[C]//VÄÄTÄJÄ H, OLSSON T, ROTO V,et al.In NordiCHI2012 UX Goals 2012 Workshop proceedings. Tampere: TUT Publication series: 14-19.

KARVONEN, H, KOSKINEN H, HAGGRÉN J, 2012b. Enhancing the User Experience of the Crane Operator: Comparing Work Demands in Two Operational Settings[C]//TURNER P, TURNER S. ECCE '12: Proceedings of the 30th European Conference on Cognitive Ergonomics. New York: ACM:37-44.

KATZENBACH, J R, 2003. Why pride matters more than money: the power of the world' s greatest motivational force[M]. New York: Random House.

KEYES C, 2002. The mental health continuum: From languishing to flourishing in life[J]. Journal of Health and Behavior Research, 43: 207-222.

KLEIN L, 2008. Meaning of Work: Papers on Work Organization and the Design of Jobs[M]. London: Karnac.

KOCH S, 1956. Worknotes on a Pretheory of a Phenomena Called Motivational[C]//Nebraska symposium on motivation.Lincoln: University of Nebraska Press.

KORHONEN H, MONTOLA M, ARRASVUORI J, 2009. Understanding playful user experiences through digital games[C]//Proceedings of DPPI' 09. New York:ACM Press.

KOUPRIE M, VISSER F S, 2009. A framework for empathy in design: Stepping into and out of the user' s life[J]. Journal of Engineering Design, 20(5): 437-448.

KUJALA S, 2008. Effective user involvement in product development by improving the analysis of user needs[J]. Behaviour & Information Technology, 27(6): 457-473.

KYMÄLÄINEN T, KAASINEN E, HAKULINEN J, et al, 2017. A creative prototype illustrating the ambient user experience of an intelligent future factory[J]. Journal of Ambient Intelligence and Smart Environments, 9(1): 41-57.

LAW E L, SCHAIK V P, ROTO V, 2014. Attitudes Towards User Experience (UX) Measurement[J].

International Journal of Human Computer Studies, 72(6): 526-541.

LEE J J, 2014. The true benefits of designing design methods[J]. Journal of Design Practice, 3(2): 5-1.

MORIN, E. M, 2008. The meaning of work, mental health and organizational commitment(Studies and research/ Report No. R-585). Montréal: IRSST.

LESSER E, MERTENS J, BARRIENTOS M P, et al, 2016. Designing employee experience: How a unifying approach can enhance engagement and productivity[M]. IBM Institute for Business Value.

LIINASUO M, NORROS L, 2007. Usability Case-integrating usability evaluations in design[M]//LAW E L, LÁRUSDÓTTIR M K,NØRGAARD M. COST294-MAUSE Workshop on Downstream Utility. Toulouse:Institute of Research in Informatics:11-13.

LINDHOLM C, KEINONEN T, 2003. Managing the Design of User Interfaces[C]//LINDHOLM C,KILJANDER H. Mobile Usability: How Nokia Changed the Face of the Mobile Phone. New York: McGraw Hill Professional.

LIPS-WIERSMA M, MORRIS L, 2011. The Map of Meaning: A Guide to Sustaining Our Humanity in the World of Work[M]. Sheffield: Greenleaf.

LJUNGBLAD S, 2008. Beyond users: grounding technology in experience[D]. Stockholm: Stockholm University.

LLOYD P, 2017. From Design Methods to Future-Focused Thinking: 50 Years of Design Research[J]. Design Studies, 48 (Supplement C): A1-A8.

LOCKE E A, 1976. The Nature and Causes of Job Satisfaction[C]//DUNNETTE M D. Handbook of Industrial and Organizational Psychology. Chicago, IL: Rand McNally:1297-1349.

LU Y, ROTO V, 2015. Evoking Meaningful Experiences at Work - a Positive Design Framework for Work Tools[J]. Journal of Engineering Design, 26(4/6): 99-120.

LU Y, ROTO V, 2016. Design for Pride in the Workplace[J]. Psychology of Well-Being, 6:1-6.

LUCERO A, ARRASVUORI J, 2010. PLEX Cards: a source of inspiration when designing for playfulness[C]// ABEELE V V,ZAMAN B,OBRIST M.Proceedings of the 3rd International Conference on Fun and Games. New York: ACM:28-37.

LYUBOMIRSKY S, 2007. The How of Happiness: A New Approach to Getting the Life You Want[M]. New York: Penguin Books.

LYUBOMIRSKY S, SHELDON K, SCHKADE D, 2005. Pursuing happiness: The architecture of sustainable change[J]. Review of General Psychology, 9(2): 111-131.

MÄKELÄ A,SURI J F, 2001. Supporting users' creativity: Design to induce pleasurable experiences[C]// Proceedings of the International Conference on Affective Human Factors Design:387-394.

MARKUS H R, 1977. Self-schemata and Processing Information about the Self[J]. Journal of Personality and Social Psychology, 35:63-78.

MASLOW A H,1954. Motivation and Personality[M]. New York: Harper.

MASLOW A H,1971. The Farther Reaches of Human Nature[M]. New York: The Viking Press.

MATTELMÄKI T, BATTARBEE K, 2002. Empathy probes[C]//BINDER T, GREGORYJ,WAGNER I.PDC 2002 Conference Proceedings: 266-271.

MATTELMÄKI T, MATTHEWS B, 2009. Peeling Apples: Prototyping Design Experiments as Research[M]. Oslo, Norway:AHO.

MATTHEWS B, BRERETON M, 2014. Navigating the methodological mire: practical epistemology in design research[M]//PAUL A,YEE J.Routledge Companion to Design Research. Abingdon, UK: Routledge:151-162.

MAY D R, GILSON R L, HARTER L M, 2004. The Psychological Conditions of Meaningfulness, Safety and Availability and the Engagement of the Human Spirit at Work[J]. Journal of Occupational and Organizational Psychology, 77 (1): 11-37.

MAYLETT T, WRIDE M, 2017. The employee experience: How to attract talent, retain top performers, and drive results[M]. New Jersey: John Wiley & Sons.

MCCARTHY J, WRIGHT P, 2004. Technology as experience[J]. Interactions, 11(5): 42-43.

MCKERLIE D, MACLEAN A,1994. Reasoning with Design Rationale: Practical Experience with Design Space Analysis[J]. Design Studies, 15(2): 214-26.

MCLELLAN H, 2000. Experience Design[J]. Cyber Psychology & Behavior, 3(1): 59-69.

MEKLER E D, HORNBÆK K,2016. Momentary Pleasure or Lasting Meaning?: Distinguishing Eudaimonic and Hedonic User Experiences[C]//KAYE J,DRUIN A.Proceedings of the 2016 CHI Conference on Human Factors in Computing Systems (CHI '16). New York: ACM:4509-4520.

MEYER C, SCHWAGER A, 2007. Understanding Customer Experience[J]. Harvard Business Review, 85(2):1-11.

MORGAN J, 2017. The employee experience advantage: How to win the war for talent by giving employees the workspaces they want, the tools they need, and a culture they can celebrate[M]. Hoboken, NJ: John Wiley.

MOSTOW J, 1985.Toward Better Models of the Design Process[J].AI Magazine, 6(1): 44-57.

MYERS D G, DIENER E, 1995. Who is happy? [J]. Psychological Science, 6:10-19.

NAKAMURA J, 2013. Pride and the Experience of Meaning in Daily Life[J]. The Journal of Positive Psychology,8 (6):555-567.

NORMAN D A, STAPPERS P J, 2015.DesignX: Complex Sociotechnical Systemss[J]. Journal of Design, Economics, and Innovation, 1(2):83-106.

NORMAN D A, VERGANTI R,2014. Incremental and Radical Innovation: Design Research vs. Technology and Meaning Change[J]. Design Issues,30(1): 78-96.

NORMAN D A,2013. The Design of Everyday Things[M]. Revised & Expanded Edition. New York: Basic Books.

NUSSBAUM M, 2000. Women and Human Development: The Capabilities Approach[M]. Cambridge: Cambridge University Press.

NUUTINEN M, SEPPÄNEN M, MÄKINEN S J, et al,2011. User Experience in Complex Systems: Crafting a Conceptual Framework[C]//Proceedings of the 1st Cambridge academic design management conference. Cambridge, United Kingdom:University of Cambridge:7-8.

OLDHAM G R, HACKMAN J R, 2010. Not What It Was and Not What It Will Be: The Future of Job Design Research[J]. Journal of Organizational Behavior, 31(2/3): 463-479.

OLSSON T, 2012. User expectations and experiences of mobile augmented reality services[D]. Tampere:

Tampere University of Technology.

OONK M, CALABRETTA G, DE LILLE C, et al, 2019. Envisioning a design approach towards increasing well-being at work[C]//Proceedings of the Academy for Design Innovation Management Conference: 722-735.

PARFIT D, 1984. Reasons and Persons[M]. Oxford: Oxford UP.

PETERMANS A, CAIN R, 2019. Design for wellbeing: An applied approach[M]. London: Routledge.

PETERSON C, SELIGMAN M E,2004. Character Strengths and Virtues: A Handbook and Classification[M]. Oxford: Oxford University Press.

PETERSON C, PARK N, SELIGMAN M,2005. Orientations to happiness and life satisfaction: The full life versus the empty life[J]. Journal of Happiness Studies, 6(1): 25-41.

PINE B J, GILMORE J H, 1998. Welcome to the Experience Economy[J]. Harvard Business Review, 76: 97-105.

RANIS G, STEWART F, SAMMAN E, 2006. Human development: Beyond the human development index[J]. Journal of Human Development, 7(3):323-358.

REYMEN I M M J, 2001. Improving Design Processes Through Structured Reflection: A Domain-Independent Approach[D]. Eindhoven: Eindhoven University of Technology.

RINTAMÄKI T, KUUSELA H, MITRONEN L, 2007. Identifying Competitive Customer Value Propositions in Retailing[J]. Managing Service Quality,17(6): 621-634.

HORST R, 1984. Second Generation Design Methods[M]//CROSS N.Developments in Design Methodology. Chichester: Wiley:317-327.

ROBERSON L, 1990. Functions of Work Meanings in Organizations: Work Meanings and Work Motivation [M]//BRIEF A,NORD W.In Meanings of Occupational Work: A Collection of Essays. Lexington, MA: Lexington Books: 107-134.

RODGERS P A, YEE J, 2016. Design Research Is Alive and Kicking[C]//DZIOBCZENSKIP, PERSON O. Proceedings of DRS 2016, Design Research Society 50th Anniversary Conference. London: DRS:1-22.

ROGERS C R, 1961. On Becoming a Person[M]. New York: Houghton Mifflin Harcourt.

ROGERS Y, BELLOTTI V,1997. Grounding blue-sky research: how can ethnography help? [J]. Interactions, 4(3): 58-63.

ROSSO B D, DEKAS K H, WRZESNIEWSKI A, 2010. On the Meaning of Work: A Theoretical Integration and Review[J]. Research in Organizational Behavior, 30:91-127.

ROTO V, RAUTAVA M, 2008. User experience elements and brand promise[C]//Proceedings of International Engagability & Design Conference, in conjunction with NordiCHI’ 08.

ROTO V, LAW E, VERMEEREN A, et al, 2010. Demarcating User eXperience[C]//GROSS T,GULLIKSEN J, KOTZÉ P,et al.Proceedings of the 12th IFIP TC 13 International Conference on Human-Computer Interaction.Heidelberg:Springer-Verlag:922-923.

ROTO V, KAASINEN E, NUUTINEN M, et al, 2016. UX Expeditions in Business-to-Business Heavy Industry[C]// KAYE J,DRUIN A. CHI EA‘16: Proceedings of the 2016 CHI Conference Extended Abstracts on Human Factors in Computing Systems. New York: ACM:833-839.

ROTO V, LU Y, NIEMINEN H, TUTAL E, 2015. Designing for User and Brand Experience via Company-

Wide Experience Goals[C]//BEGOLE B, KIM J. CHI EA '15: Proceedings of the 33rd Annual ACM Conference Extended Abstracts on Human Factors in Computing Systems. Seoul: ACM: 2277-2282.

ROTO V, BRAGGE J, LU Y, et al, 2021. Mapping experience research across disciplines: who, where, when[J]. Quality and User Experience, 6(1):1-26.

RUITENBERG H, DESMET P, 2012. Design thinking in positive psychology: The development of a product-service combination that stimulates happiness-enhancing activities[C]//BRASSET J, HEKKERT P P M, LUDDEN G D S.Proceedings of the 8th International Conference on Design and Emotion. London: Central Saint Martins College of Art & Design: 1-10.

RUSK R, WATERS L, 2015. A psycho-social system approach to wellbeing: Empirically deriving the five domains of positive functioning[J]. The Journal of Positive Psychology, 10(2):141-152.

RYAN R M, DECI E L, 2001. On Happiness and Human Potentials: A Review of Research on Hedonic and Eudaimonic Wellbeing[J]. Annual Review of Psychology, 52(1): 141-166.

RYAN R M, DECI E L, GROLNICK W S, 1995. Autonomy, Relatedness, and the Self: Their Relation to Development and Psychopathology[C]//CICCHETTI D ,COHEN D J.Developmental Psychopathology: Theory and Methods. New York: Wiley: 618-655.

RYAN R M, DECI E L, 2002. Overview of self-determination theory: An organismic dialectical perspective[C]//RYAN R M, DECI E L.Handbook of Self-determination Research. Rochester: The University of Rochester Press:3-33.

RYFF C D, 1989. Happiness Is Everything, Or Is It? Explorations on the Meaning of Psychological Well Being[J]. Journal of Personality and Social Psychology, 57:1069-1081.

RYFF C D, SINGER B H, 1998. The contours of positive human health[J]. Psychological Inquiry, 9(1): 1-28.

RYFF C D, SINGER B H, 2008. Know thyself and become what you are: A eudaimonic approach to psychological well-being[J]. Journal of Happiness Studies, 9(1):13-39.

SAARILUOMA P, JOKINEN J P, 2014. Emotional Dimensions of User Experience: A User Psychological Analysis[J]. International Journal of Human-Computer Interaction, 30 (4): 303-320.

SANDELANDS L E, BUCKNER G C, 1989. Of Art and Work: Aesthetic Experience and the Psychology of Work Feelings[J]. Research in Organizational Behavior, 100:105-131.

SANDELANDS L E, BOUDENS C J, 2000. Feeling at Work[M]//FINEMAN S.In Emotion in Organizations. London: Sage:46-63.

ELIZABETH B N, DANDAVATE U, 1999. Design for Experiencing: New Tools[C]//OVERBEEKE C J, HEKKERT P.Proceedings of the First International Conference on Design and Emotion. Delft: Delft University of Technology: 87-91.

SAVIOJA P, LIINASUO M, KOSKINEN H, 2014. User Experience: Does It Matter in Complex Systems? [J]. Cognition, Technology & Work,16 (4):429-449.

SAVIOJA P, NORROS L, 2013. Systems Usability Framework for Evaluating Tools in Safety-Critical Work[J]. Cognition Technology & Work, 15 (3):255-275.

SCHIFFERSTEIN H N, KLEINSMANN M S, JEPMA E J, 2012. Towards a conceptual framework for Experience-Driven Innovation[C]//BRASSETT J, HEKKERT P, LUDDEN G. Proceedings of 8th International Design and Emotion Conference. London:Central Saint Martins College of Art & Design.

SCHIFFERSTEIN H N, HEKKERT P, 2008. Product Experience[M].San Diego, CA: Elsevier.

SCHMITT B H, 2000. Experiential Marketing[M].New York: Simon and Schuster.

SCHÖN D A, 1992. Designing as reflective conversation with the materials of a design situation[J]. Knowledge-Based Systems, 5(1): 3-14.

SCHÖN D A, 1987. Educating the Reflective Practitioner[M].San Francisco: Jossey-Bass.

SCHOTANUS-DIJKSTRA M, PIETERSE M E, DROSSAERT C H, et al, 2016. What factor are associated with flourishing? Results from a large representative national sample[J]. Journal of Happiness Studies, 17:1351-1370.

SCHULER D, NAMIOKA A, 2017. Participatory Design: Principles and Practices[M].Boca Raton, FL: CRC Press.

SELIGMAN M E, CSIKSZENTMIHALYI M, 2000. Positive Psychology: An Introduction[J]. American Psychologist,55 (1):5-14.

SELIGMAN M, 2011. Flourish: a Visionary New Understanding of Happiness and Well-being[M]. Boston: Nicholas Brealey.

SEN A, 1992. Inequality Re-examined[M]. Cambridge: Harvard University Press.

SHEDROFF N, 2001. Experiencc Design[M]. Indianapolis: New Riders.

SHELDON K M, RYAN R M, RAWSTHORNE L J, et al, 1997. Trait Self and True Self: Cross-role Variation in the Big-five Personality Traits and Its Relations with Psychological Authenticity and Subjective Well-being[J].Journal of Personality and Social Psychology,73:1380-1393

SHETH J N, NEWMAN B I, GROSS B L, 1991. Why we buy what we buy: a theory of consumption values[J]. Journal of Business Research, 22(2):159-170.

SIMON H A,1996. The Sciences of the Artificial[M]. Cambridge: MIT Press.

SKEGGS B,2011. Feminist Ethnography[C]//ATKINSON P, COFFEY A, DELAMONT S,et al. Handbook of Ethnography. London: SAGE:426-442.

VISSER F S,2009. Bringing the everyday life of people into design[D]. Delft: TU Delft.

SPECTOR P E,1997. Job Satisfaction: Application, Assessment, Causes, and Consequences[M]. Thousand Oaks, CA: Sage.

STAW B M,1977. Motivation in Organizations: Towards Synthesis and Reduction[M]//STAW B M, SALANCIK G.New Directions in Organizational Behavior.Chicago: St. Clair Press.

STEGER M F, DIK B J, DUFFY R D, 2012. Measuring meaningful work the work and meaning inventory (WAMI) [J]. Journal of Career Assessment, 20(3):322-337.

STEVENS R, 2018. A Launchpad for Design for Human Flourishing in Architecture. Theoretical Foundations, Practical Guidance and a Design Tool[D].Hasselt: Hasselt University.

STOMPFF G, 2003. The forgotten bond: Brand identity and product design[J]. Design Management Journal (Former Series),14(1): 26-32.

SUNDBERG HR, SEPPÄNEN M,2014. Pitfalls in Designing and Selling UX[C]//LUGMAYR A.AcademicMindTrek '14: Proceedings of the 18th International Academic MindTrek Conference: Media Business, Management, Content & Services.New York: ACM:24-31.

SURI J F, 2003. The Experience of Evolution: Developments in Design Practice[J].The Design Journal, 6(2): 39-48.

TAKALA R, KEINONEN T, MANTERE J, 2006. Processes of Product Concepting[C]//KEINONEN T,TAKALA R.Product Concept Design. London: Springer:57-90.

TERKEL S, 1974. Working: People Talk about What They Do All Day and How They Feel about What They Do[M]. New York:The New Press.

TIBERIUS V, 2006. Well-being: Psychological research for philosophers[J]. Philosophy Compass, 1(5): 493-505.

TRACY J L, ROBINS R W, 2004. Putting the Self into Self-Conscious Emotions: A Theoretical Model[J]. Psychological inquiry, 15(2):103-125.

TRACY J L, ROBINS RW, 2007a. Emerging insights into the nature and function of pride[J]. Current directions in psychological science,16(3):147-150.

TRACY J L, ROBINS R W, 2007b. The psychological structure of pride: a tale of two facets[J]. Journal of personality and social psychology, 92(3):506-525.

TUCH A N, HORNBÆK K, 2015. Does Herzberg' s notion of hygienes and motivators apply to user experience? [C]//HÖÖK K.ACM Transactions on Computer-Human Interaction (TOCHI),New York: ACM:1-24.

TUCH A N, SCHAIK P V, HORNBÆK K, 2016. Leisure and Work, Good and Bad: the Role of Activity Domain and Valence in Modeling User Experience[J].Transactions on Computer-Human Interaction, 23 (6):1-32.

TURNER N, BARLING J, ZACHARATOS A, 2002. Positive Psychology at Work[C]//CHARLES R.Handbook of Positive Psychology. New York: Oxford University:715-728.

TURUNEN M, HAKULINEN J, MELTO A,et al,2009. SUXES—User Experience Evaluation Method for Spoken and Multimodal Interaction[C]//10th Annual Conference of the International Speech Communication Association 2009.International Speech Communication Association (ISCA):2567-2570.

TIDEMAN S,2004.Gross National Happiness: Towards a new paradigm in economics[M].Centre for Bhutan Studies.

VAAJAKALLIO K, MATTELMÄKI T, ROTO V,et al,2016. Customer Experience and Service Employee Experience: Two Sides of the Same Coin[M]//MIETTINEN S.An Introduction to Industrial Service Design. London: Routledge:17-24.

VÄÄNÄNEN-VAINIO-MATTILA K, VÄÄTÄJÄ H, VAINIO T, 2009. Opportunities and challenges of designing the service user eXperience (SUX) in web 2.0[C]//ISOMÄKI H, SAARILUOMA P.Future interaction design II.London: Springer:117-139.

VÄÄNÄNEN-VAINIO-MATTILA K, OLSSON T, et al,2015.Towards Deeper Understanding of User Experience with Ubiquitous Computing Systems: Systematic Literature Review and Design Framework[C]// ABASCAL J,BARBOSA S D J, FETTER M,et al.Human-computer interaction - INTERACT 2015: 15th IFIP TC 13 International Conference.Berlin: Springer-Verlag.

VÄÄTÄJÄ H, SEPPÄNEN M, PAANANEN A, 2014. Creating Value Through User Experience: a Case Study in the Metals and Engineering Industry[J]. International Journal of Technology Marketing, 9(2):163-186.

VAN BOVEN L,GILOVICH T,2003.To Do or to Have? That Is the Question[J].Journal of Personality and

Social Psychology,85(6):1193-1202.

VANDERWEELE T J, 2017.On the promotion of human flourishing[J].Proceedings of the National Academy of Sciences,114(31):8148-8156.

VARSALUOMA J,VÄÄTÄJÄ H,KAASINEN E,et al,2015.The Fuzzy Front End of Experience Design[C]// PLODERER B, CARTER M.OzCHI '15: Proceedings of the Annual Meeting of the Australian Special Interest Group for Computer Human Interaction.New York:ACM:324-332.

VEENHOVEN R,2011. Greater happiness for a greater number: Is that possible? If so, how? [C]//SHELDON K N, KASHDAN T B, STEGER M F.Designing Positive Psychology.Oxford, UK:Oxford University Press:392-409.

VERGANTI R, 2009. Design-Driven Innovation: Changing the Rules of Competition by Radically Innovating What Things Mean[M].Boston, MA: Harvard Business Press.

VERGANTI R,2016.Overcrowded: Designing Meaningful Products in a World Awash with Ideas[M]. Cambridge, MA: The MIT Press.

WAHLSTRÖM M, KARVONEN H, NORROS L, et al,2016. Radical Innovation by Theoretical Abstraction - a Challenge for the User-Centered Designer[J].The Design Journal,19(6):857-877.

FREDERICK E,WEBSTER J,1994. Defining the new marketing concept[J].Marketing Management, 2(4):22-31.

WENDT T, 2015. Design for Dasein: Understanding the Design of Experiences[M]. NY: Thomas Wendt

WESTERLUND B, 2009. Design Space Exploration: Co-Operative Creation of Proposals for Desired Interactions with Future Artefacts[D]. Stockholm: Royal Institute of Technology KTH.

WIENER Y, 1988. Forms of Value Systems: Focus on Organizational Effectiveness and Cultural Change and Maintenance[J]. Academy of Management Review,13(4):534-545.

WIKBERG H, KEINONEN T, 2002. Ergonomics of Wearability as a Design Driver. A Case Study of User-Centered Design Process of Designing Mobile Phones and Accessories for Active Use[C]//Proceedings of HF.

WOOLRYCH A, HORNBÆK K, FRØKJÆR E, et al, 2011. Ingredients and meals rather than recipes: A proposal for research that does not treat usability evaluation methods as indivisible wholes[J]. International Journal of Human-Computer Interaction, 27(10):940-970.

WRIGHT P, MCCARTHY J, 2010. Experience-centered design: designers, users, and communities in dialogue[C]//CARROLL J M.Synthesis Lectures on Human-Centered Informatics. San Rafael, CA:Morgan & Claypool: 1-123.

WRIGHT P, MCCARTHY J, MEEKISON L, 2003. Making Sense of Experience[C]//BLYTHE M A, OVERBEEKE K, MONK A F, et al.Funology: From Usability to Enjoyment. Dordrecht: Springer Netherlands:43-53.

WRZESNIEWSKI A, 2003. Finding Positive Meaning in Work[C]//CAMERON K S, DUTTON J E, QUINN R E. Positive Organizational Scholarship. San Francisco: Berrett-Koehler: 296-308.

WRZESNIEWSKI A, LOBUGLIO N, DUTTON J E, et al, 2013. Job Crafting and Cultivating Positive Meaning and Identity in Work[J]. Advances in Positive Organizational Psychology, 1(1):281-302.

XANTHOPOULOU D, BAKKER A B, ILIES R, 2012. Everyday working life: Explaining within-person fluctuations in employee well-being[J]. Human Relations, 65(9):1051-1069.

YIN R K, 2015. Qualitative Research: From Start to Finish[M].2nd ed. New York: Guilford Publications.

YOON J, DESMET P, POHLMEYER A E, 2013. Embodied Typology of Positive Emotions: the Development of a Tool to Facilitate Emotional Granularity in Design[C]//NIMKULRAT N.5th International Congress of International Association of Societies of Design Research.Tokyo:Shibaura Institute of Technology:1195-1206.

YOON J, POHLMEYER A E, DESMET P, 2016. When 'Feeling Good' Is Not Good Enough: Seven Key Opportunities for Emotional Granularity in Product Development[J]. International Journal of Design, 10 (1):1-18.

ZEINER K M, BURMESTER M, HAASLER K, et al, 2018. Designing for positive user experience in work contexts: experience categories and their applications[J]. Human Technology, 14(2):140-175.

ZIMMERMAN J, STOLTERMAN E, FORLIZZI J, 2010. An analysis and critique of Research through Design: towards a formalization of a research approach[C]//BERTELSEN O W,KROGH P.DIS '10: Proceedings of the 8th ACM Conference on Designing Interactive Systems. New York: ACM:310-319.

ZUMBRUCH D, KALTENHAUSER A, KNOBEL M, 2020. Designing positive experience for nurses in intensive care[C]//PREIM B, NÜRNBERGER A, HANSEN C.MuC '20: Proceedings of Mensch und Computer 2020.New York,NY: Association for Computing Machinery:29-32.

陈香，张凌浩，2021.大运河惠山泥塑艺术融入感官体验的设计策略研究[J].艺术百家，37(3):101-108.

陈佳乐，2016.工作意义感的含义及量表的修订[D].北京：中国人民大学.

林丛丛，罗文豪，杨娜，2018.互联网情境下工作场所幸福感的异变与重塑[J].中国人力资源开发，35(10): 26-38.

陆一晨，张凌浩，2020.工作幸福感设计及其目标构建策略[J].美术大观，(6): 98-100.

尚玉钒，马娇，2011.“工作意义”的变迁研究[J].管理学家(学术版)，(3): 59-67.

宋萌，黄忠锦，胡鹤颜，等，2018.工作意义感的研究述评与未来展望[J].中国人力资源开发，35(9): 85-96.

王晰，石磊，辛向阳，2018.基于价值机会理论的联合办公用户体验探究[J].包装工程，39(20): 217-223.

吴春茂，田晓梅，何铭锋，2021.提升主观幸福感的积极体验设计策略[J].包装工程，42(14): 139-147.

辛向阳，2019.从用户体验到体验设计[J].包装工程，40(8): 60-67.

辛向阳，2020.设计的蝴蝶效应:当生活方式成为设计对象[J].包装工程，41(6): 57-66.

叶苹，房宝金，2019.国内幸福感设计的研究文献评述及问题分析[J].包装工程，40(12): 13-16.

邹琼，佐斌，代涛涛.2015.工作幸福感：概念、测量水平与因果模型[J].心理科学进展，23(4): 669-678.

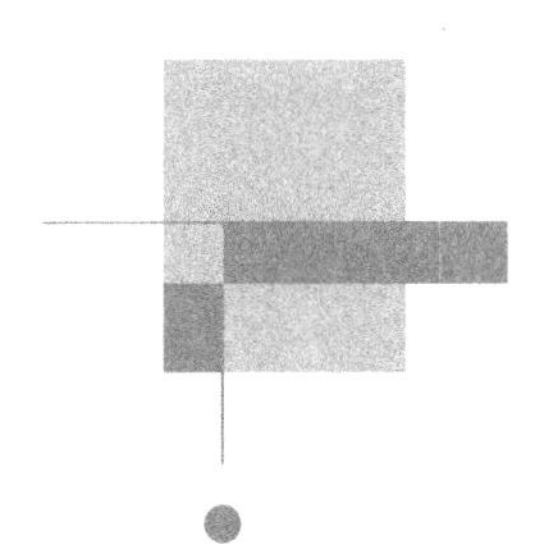

后记

本书执笔于我归国工作的第三年，也是新冠疫情持续肆虐的第三年。本书的内容面向工作体验设计方法研究，而本书的写作过程本身就是疫情时代下设计研究人员工作体验的部分写照。用中式思维重新梳理与审视自己2013年至2018年在芬兰阿尔托大学的设计研究是一项充满趣味的尝试。一方面反思北欧设计研究范式的开放与包容，另一方面也在探索设计学理论的主体性与严谨性。在本书付梓之际，我向多年来关心和帮助过我的领导、同事和朋友表示衷心的感谢。

感谢南京艺术学院校长、江南大学设计学院系统设计创新团队负责人张凌浩教授从我2009年本科毕业设计至今对我的栽培和鼓励，尤其是对我研究“工作幸福感”这一新兴领域的关心与支持。

感谢江南大学设计学院系统设计创新团队的沈杰、曹鸣、陈香、钱晓波、周敏宁、朱琪颖、梁峭、李瑞、沈张帆、梁若愚、李存老师对我科研工作的提携与帮助。

感谢我博士生导师芬兰阿尔托大学的Virpi Roto教授，2013年将我介绍到UXUS项目中，全力支持我在体验驱动设计课程中的研究，并悉心指导了我的论文，向我传达了一种以目标为导向的态度，我相信这将对我未来的生活产生积极影响。

感谢阿尔托大学艺术设计与建筑学院研究院院长Sampsa Hyysalo教授对我研究方法论上的批评与指正。

感谢阿尔托大学艺术设计与建筑学院设计系主任、Encore研究组学术带头人Tuuli Mattelmäki教授对我生活和学习的关怀与建议。

我很幸运能和我亲爱的Encore同事一起工作：Kirsi Hakio、Anna Salmi、Bang Jeon Lee、Minna Lummc、Maria Huusko、Elli Rustholkarhu、Yiying Wu博士、Antti Pirinen博士和Markus Ahola博士。特别感谢Jung-goo Lee教授、薛海安博士、Claudia Garuno博士和Helena Sustar博士。

我有幸参加了芬兰国家级项目UXUS计划（2013—2016）。为此，我要感谢工作组负责人芬兰科研院首席科学家Eija Kaasinen博士指导我与13位优秀的UXUS研究人员合作，并帮助我申请了芬兰工作环境研究基金。我还要感谢VTT高级研究员Hannu Karvonen博士，分享了我的研究兴趣，阅读了我最初文本的所有片段，并为我的论文提供了宝贵的建议。与我的UXUS项目同事Petri Mannonen、Hanna Koskinen、Paula Savioja、Jussi Jokinen、Mikael Wahlström、Heli Väätäjä、Jari Varsaluoma和Tomi Heimonen共事非常愉快。他们都为我提供了许多鼓舞人心的跨学科思想，增强了我对体验设计研究的信心。

UXUS项目为我提供了具有挑战性的设计案例，这些案例成为我研究的主要数据。特别感谢Velmet的Hannu Paunonen对Future Factory Scenario的案例支持，以及Fastems的Harri Nieminen多年来对体验驱动设计课程的支持。

我要向所有参与UXUS校企合作的设计硕士学生表示深深的感谢。我要特别感谢Elina Hildén、Netta Korhonen、Erdem Tutal、Jeeni Huttunen和Juha Johansson激发了我的研究兴趣。此外，很高兴在这些课程中与Severi Uusitalo和Lucero Andres教授合作。

由衷感谢英国诺森比亚大学的Gilbert Cockton教授、瑞典林雪平大学的Mattias Arvola教授和澳大利亚悉尼大学的Rafael A. Calvo教授邀请我访问了他们各自的研究小组，分享了对我的研究的看法，并为我安排了专家访谈。

非常感谢Jack Whalen教授、Turkka Keinonen教授、Ramia Mazé教授、Oscar Person教授、Kirsi Niinimäki教授、Miikka Lehtonen教授、Pia Tomminon博士和Luke Feast博士对本书发表的评论和建议。我很享受与Cindy Kohtala博士、Sari Kujala博士、Tjhien Liao博士、Camila Groth博士、Salu Ylirisku博士、Karthikeya Acharya博士和Pekka Murto 博士的聊天。我还要感谢Arabia校区大楼7层和8层的同事和朋友:Anna Kholina、Priska Falin、Bilge Aktas、Mary Karyda、Oldouz Moslemian、Mikko Illi、Launa Hakkarainen、Paulo Dziobczenski、Seungho Park Lee、Mar jaana Tanttu、Marium Durrani、Essi Karell、Julia Valle、Namkyu Chun等。我要特别感谢Luisa Mok 激励我及时写出本书。同样，Raija Siikamaki博士指导我完成了本书撰写的最后阶段。芬兰拉普兰大学的Jonna Häkkila教授和德国斯图加特传媒大学的Michael Burmester教授都给了我深刻而积极的意见和建议。

感谢江苏省教育厅社科项目Z2020110009910、2020年度江苏省双创博士资助经费与江南大学基本科研青年项目JUSRP12084给予本书的资助。

最后，感谢化学工业出版社李彦玲编辑无微不至的沟通和修改，得以让本书顺利出版。

意义驱动的工作体验设计研究尚处探索阶段，本书虽做了一定的努力和探讨，但限于时间、水平和精力，权作引论抛砖引玉，同时也请大家多多批评指正，谢谢！

陆一晨

2022年5月15日于无锡长广溪